Adaptarse a la marea

Cómo tener éxito gracias a la selección natural

Adaptarse a la marea

Cómo tener éxito gracias a la selección natural

Eduardo Punset

Ediciones Destino

Diagonal, 662-664. 08034 Barcelona
www.edestino.es

Primera edición: febrero de 2004
Primera edición en Destino: abril de 2012

ISBN: 978-84-233-2422-4
Depósito legal: B. 7.749-2012
Impreso por Cayfosa
Impreso en España - *Printed in Spain*

El papel utilizado para la impresión de este libro es cien por cien
libre de cloro y está calificado como papel ecológico.

Nosotros descubrimos que no
éramos distintos del resto de
los animales. Ellas —mis nietas
Candela, Violeta, Alexia y Ticiana— aprenderán
que tampoco lo somos de
las bacterias y los átomos

Prólogo

Comenzaré por lo importante. En mi opinión, Eduardo Punset ha escrito un buen libro que a buen seguro hará las delicias de los lectores del mismo. La empresa no era fácil, pues se trataba de inundar el mundo de los negocios de conocimiento científico. Reconocer el concepto científico, saberlo trasladar a su correspondiente nicho económico e inferir la posible plusvalía generada, medida ésta como una apuesta más racional, sólo es posible si se posee una sólida formación conceptual en ambos campos. Pues bien, resulta que Eduardo Punset maneja con mucha soltura los paradigmas de la ciencia y nada como un pez en el fluido de los negocios. Así que, ¿quién da más?

A continuación trataré de hacer una ligera disección del libro. De entrada diré que el título me parece muy bueno: ese metafórico «adaptarse a la marea» nos recuerda con suavidad de marea mediterránea el reconocimiento del hombre de que todo lo que ocurre aquí abajo en la tierra está determinado por lo que ocurrió en tiempos lejanos fuera de nosotros. Pero gracias a la ciencia hemos sabido inferir la verdad del origen de las mareas y de su ritmo periódico. El título rezuma ciencia en la que existen datos empíricos y deducción de la ley física que los origina. Pero no hay ni rastro de la tecnología. Me pregunto por la intencionalidad de Punset al decantarse por este título.

Para el análisis del libro en sí mismo me basaré en mi convicción de que lo más importante es la búsqueda de la verdad a base de preguntas racionales. El libro comienza reconociendo la importancia de la técnica y de la ciencia en tanto que auténticos soportes del poder de los humanos. Pero Punset se lamenta, de forma retórica, de que si bien la tecnología acapara la mente de los humanos, somos, sin embargo, ignorantes científicos. Así pues, el libro deja claro desde su comienzo su pretensión de que los hombres de negocios se familiaricen con los conceptos científicos, los manejen y los utilicen en sus empresas y transacciones. En la ciencia no hay conocimiento genético, sino baúles llenos de descubrimientos e invenciones, muchos de los cuales esperan su hora para salir de los mismos y darse una vuelta por la macroeconomía y la globalización.

Eduardo Punset nos habla en la introducción de la existencia de nueve baúles repletos de conocimiento generados desde el siglo XVIII y que él nos abrirá si seguimos leyendo. Nos promete que, gracias a ellos, seremos capaces de enfrentarnos a los falsos poderes de la magia, de la superstición y de las verdades reveladas. ¡Ahí es nada! A mí me convenció, así que seguí leyendo y reflexionando. En definitiva, me ofrecí voluntario a seguirle el juego.

El capítulo primero comienza con la aseveración de que el mundo real es invisible en una gran parte, y a continuación ya tenemos la primera pregunta planteada: ¿sólo es real lo que vemos? Para contestarla nos introduce el concepto de intangibilidad en el mundo de la empresa, y nos explica que en el mundo de la economía hay realidades que no se ven y que para detectarlas, y hacerlas nuestras aliadas, hay que tener imaginación. En el mundo de la ciencia, ocurre lo mismo. A pesar de nuestras limitaciones naturales, los humanos hemos sabido, a base de preguntas, vislumbrar lo que está lejos y explicar lo más pequeño y sus uniones. Pero, sobre todo, sabemos cómo seguir avanzando porque nos hemos puesto de acuerdo en que lo real, aunque no se vea, es todo lo que resulta susceptible de ser medido y/o calculado.

El segundo capítulo nos introduce el concepto de virulencia y contagio económico. La cuestión que se dilucida es la de saber encarar los problemas que nos lleven a buen puerto económico. Así pues, Punset se pregunta por lo que hay detrás del descubrimiento, e identifica una serie de características comunes a toda la actividad que genera plusvalía, ya sea científica, tecnológica o económica. Por ejemplo, nos habla de la vocación multidisciplinar, de la importancia de asumir riesgos, de la necesidad de buscar simetrías, en tanto que constancias de valores, y que lo que se busque cumpla también ciertos cánones de belleza. Casi, casi, ejerce de científico que se inicia en la aventura de la búsqueda de lo nuevo. Me gustaría destacar en este capítulo el punto que trata sobre la utilización de tecnologías emergentes. Creo que Punset mete el dedo en la llaga que más nos duele por estos lares: si queremos descubrir o tener un nicho económico propio en el siglo XXI, no podemos apoyarnos en las tecnologías que otros ya han utilizado en el pasado para descubrir o enriquecerse. El hecho probado es que todo nivel tecnológico tiene también su techo económico.

Del tercer capítulo comentaré sólo una cuestión que considero vital por su conexión con lo que ocurre en el mundo científico. Punset comenta: «En la actualidad la balanza se ha inclinado peligrosamente a favor de la búsqueda de beneficios derivados de las acciones corporativas globales en detrimento de las estrategias que impulsan la creatividad en los estamentos locales. Se renuncia con ello a la creatividad interrelacional y a la diversidad.» También en ciencia se renuncia al laboratorio pequeño, cuna de todos los grandes descubrimientos del siglo XX, y se montan enormes tinglados a la espera de que reporten los mismos beneficios. Yo, como Punset en el caso económico, pienso que ello irá en detrimento del descubrimiento científico.

El cerebro creativo del capítulo cuarto plantea preguntas que bien podrían caer en el ámbito de la psicología evolutiva, tal y como piensa Punset, pero que en mi opinión pueden ser también contestadas con ayuda de la física estadística. El caso planteado es si podemos predecir el comportamiento de las personas. Pues bien, recientes estudios físicos llegan a las mismas conclusiones que los estudiosos del tema desde otras perspectivas, tales como la psicología y la sociología. Esto nos pone de relieve la importancia del conocimiento multidisciplinar y del afán de preguntar racionalmente tal y como discute Punset.

El capítulo quinto se dedica a la importancia del lenguaje. Punset nos dice que el lenguaje oral y el escrito no son los mejores medios para la comunicación. Lo fundamental es dominar la simbología, lo que exige ser fantasioso y tener muy presente que para el cerebro lo principal son las imágenes. Ahí reside precisamente la importancia de establecer una excelente comunicación audiovisual. Punset concluye que lo esencial es difundir imágenes de la empresa.

Para prepararnos para la lectura del capítulo sexto deberíamos reconocer que antes de iniciar un negocio hay que leer a Darwin. El caso que se discute es el de la búsqueda del nicho económico. Punset nos explica que hay que saber elegir el ecosistema, y no tanto el lugar. La subsistencia nos lleva a la necesidad de buscar la diferenciación. Ni más ni menos, como en los casos científico y tecnológico.

En el capítulo siete, Punset hace auténticos equilibrios para relacionar la publicidad con los genes. Parte de la idea de la similitud genética de todos los humanos y de que, sin embargo, es la diversidad la que nos caracteriza. Esto es lo que se encuentra en la recámara del dicho popular de que no existen enfermedades, sino enfermos. La publicidad se tiene que basar en el mismo principio que la acción de los fármacos, que exigen un recetario personalizado. En definitiva, Punset reclama la atención individualizada al cliente y nos alerta del cambio de mentalidad que se tiene que producir en los estamentos públicos y privados ligados al mundo económico. Precisamente, la mejor forma de combatir la incertidumbre es apostar por la diversidad y reconocer que el tiempo también tiene su masa inercial que se opone a los cambios.

En el capítulo octavo nos encontramos con la sofisticada propuesta de su título, que no es otra que la de reemplazar el cerebro por la utopía científica. La cosa tiene tela, pues se trata de sustituir la vida tal y como la conocemos de combinación de física y química a las órdenes de la física por otra más acorde con lo que se ha denominado ciberhombre. Punset juega duro aquí y apuesta por este último, por la sencilla razón de que ésa es la forma de conseguir pensar más y más rápido. La visión que me queda de lo que Punset propone es la de un hombre con sus neuronas conectadas a chips capaces de arrebatarle a la genética su carga determinista. El mundo borroso que de repente se me aparece tras la lectura de este capítulo es el del hombre que se resiste a morir y decide no personarse cuando la muerte lo llame.

Por último llegamos al capítulo noveno, en el que Punset elabora su propuesta teórica sobre el éxito. Se trata en verdad de una metáfora muy bien matematizada y con unas «magnitudes» perfectamente definidas y hasta, me atrevería a decir, mensurables. En definitiva, que el libro no podía tener mejor final y los economistas mejor propuesta de ensayo de éxito en la empresa. Bien es verdad que ambos, Punset y yo, como él comenta al comienzo del libro, discutimos sobre la mencionada fórmula, pero en honor a la verdad tengo que reconocer que Punset ha dado, como él suele hacer, una nueva vuelta de tuerca y su propuesta tiene un mayor alcance del que yo había imaginado. ¡Enhorabuena, Eduardo!

Permítanme que acabe este prólogo recomendando a todos los lectores que se dejen mecer por la «marea económica» y sepan adaptarse a sus cambios periódicos a base de hacerse preguntas racionales como las que sugiere este magnífico libro.

Javier Tejada Palacios
Catedrático de Física
Universidad de Barcelona

Introducción

La tecnología se ha adueñado de las mentes de la gente, pero la Ciencia no forma parte de su mentalidad ni ha penetrado en la cultura popular. Y por ello, seguimos viviendo en sociedades fundamentadas en la ignorancia, en lugar del conocimiento. Resulta asombroso que las personas que se sienten desamparadas bajo el peso aplastante de la miseria, la soledad o la violencia que irrumpe en sus vidas cotidianas sigan buscando remedios a sus males en la superstición, la magia y las convicciones dogmáticas, incluidas las verdades reveladas. La Ciencia sólo tiene una cosa en común con todas ellas: su origen.

El cerebro de los homínidos no soporta la incertidumbre. Necesita saber la razón de determinadas simetrías y regularidades como el amanecer o la sucesión de estaciones, y las causas de fenómenos imprevistos como la erupción de un volcán o una epidemia contagiosa. El cerebro requiere, por encima de todo, tener la sensación de que controla la situación. En caso contrario —como se explica en el capítulo 8—, el sistema inmunológico se degrada rápidamente. Las supersticiones, la magia y la religión ayudaron antes que la Ciencia a reducir niveles de ansiedad.

Este libro quiere sugerir que la utilidad práctica de la Ciencia para buscar soluciones a los problemas de las empresas y los negocios es incomparablemente mayor que todas las guías para sobrevivir, almacenadas durante los últimos sesenta mil años en el baúl de los recuerdos de la especie humana. Si imagináramos que en un gran almacén se hubiera ordenado en diez baúles, por orden cronológico, todo el conocimiento acumulado durante los últimos cuatro millones de años —desde que los homínidos empezaron a diferenciarse de los primates sociales de los que descendemos—, en el primer baúl cabría, sobradamente, todo el conocimiento generado hasta el siglo XVIII. Los descubrimientos ocurridos desde entonces llenarían los nueve baúles restantes. Pero están sin abrir todavía.

La excepción capital a lo sugerido en el párrafo anterior es el conocimiento genético, transmitido ininterrumpidamente de una generación a otra. El pavor a las arañas, las serpientes y los truenos. La preferencia por ojos grandes y narices pequeñas. Los bostezos, la risa y los suspiros. La paralización de los músculos enfrentados al terror; y la ansiedad ante un peligro vislumbrado.

Se trata de pautas extremadamente útiles cuando las arañas y las serpientes, en lugar de los autobuses en la calzada, constituían amenazas mortales. Siempre recuerdo la trifulca, en pleno Paseo de Gracia de Barcelona, a la altura de Els Jardinets, provocada por una anciana cruzando el paso de cebra con la ayuda de su bastón y el semáforo en rojo. Su parsimonia y serenidad representaban la antítesis del enfado del conductor del autobús tras el frenazo para evitar el accidente. Pensé para mí, testigo presencial involuntario, que si en lugar del autobús hubiera la anciana topado con una serpiente, habría acelerado su paso, y hasta saltado a la acera con la ayuda del bastón. Sus genes la habían preparado para sobrevivir en el entorno de hace sesenta mil años, pero se comportaban como verdaderos autistas en las circunstancias de hoy.

Con el envejecimiento disminuye el tamaño de los ojos y se agranda la nariz, proporcionalmente a la cara achicada por las arrugas. Ojos grandes y nariz pequeña constituían, pues, señales irrebatibles de juventud, algo importante cuando la esperanza de vida era de sólo treinta años, pero bastante engañoso como indicio de fortaleza cuando la esperanza de vida es de setenta y ocho.

¿Para qué sirve hoy que los genes nos hagan bostezar? Los

bostezos son un legado de nuestra condición animal anterior a la de humanos, que cumplían una finalidad social en el caso de los primates —transmitir la necesidad imperiosa de iniciar una acción colectiva y preventiva frente a intrusos—. La Ciencia no ha descubierto en el bostezo ninguna utilidad en la vida moderna; ni siquiera la de oxigenar los pulmones. Experimentos realizados en la Universidad de Maryland (Estados Unidos) han demostrado que las personas sometidas a sobredosis de oxígeno no disminuyen la frecuencia de sus bostezos; son un puro residuo ancestral y genético.

Si la especie humana ha sobrevivido, una gran parte del mérito pertenece a los genes encargados de paralizar nuestros músculos ante el ataque inminente de una leona en la sabana africana: echar a correr, gesticular amenazadoramente —en definitiva, moverse— era la manera más segura de entrar en el campo visual del felino. Los homínidos que se quedaban quietos, con los pelos de punta, paralizados por el terror, tenían muchas más posibilidades de ser confundidos con un objeto, de pasar inadvertidos, y llegar así a ser mayoritarios en el *pool* general de genes. No es seguro, sin embargo, que este comportamiento genético sea el más adecuado en las variadas circunstancias de hoy día, y con la multitud de alternativas disponibles. Un buen amigo mío del mundo editorial salvó su vida, a raíz de un cruel secuestro en el maletero de su propio coche en la carretera, echando mano inmediatamente —haciendo caso omiso al terror paralizante de sus genes— del teléfono móvil en el que los delincuentes no habían reparado.

Mi consejo particular es que, en lugar de fiarse del conocimiento genético, sin menospreciar sus tremendos méritos en el pasado ancestral, o de la sabiduría heredada a lo largo de dos millones de años de supersticiones, magia y conocimiento revelado —a pesar de su utilidad indudable para reducir los niveles de estrés cuando no había otras alternativas—, resulta mucho más seguro abrir los nueve baúles recién llenados. Están abarrotados de pistas e instrucciones extremadamente novedosas. Empecemos, pues, por el baúl número dos. No tiene mucho sentido —como decía antes— insistir en el único baúl abierto y medio vacío, colocado en la entrada del almacén.

Antes de eso, están los agradecimientos a las personas e instituciones que han amparado esta reflexión. En primer lugar, a RTVE por aceptar la apuesta de abrir los nueve baúles a grandes audiencias —por la vía del programa *Redes*—, en aras de la comprensión pública de la Ciencia. A los alumnos de segundo año del Instituto Químico de Sarrià, por experimentar conmigo la mayoría de los temas apuntados en el libro. A nivel profesional, quiero dejar constancia de la ayuda de Silvia Bravo, física. En las referencias al esplendor de las simetrías y a las veleidades de los animales en la búsqueda de un nicho, los aciertos son suyos, y los errores sólo míos. Igual ocurre con Miriam Peláez, bióloga, que se impuso a sí misma la tarea añadida de supervisar el manuscrito, sin dejar de coordinar al equipo de trabajo de la productora de divulgación científica Agencia Planetaria. Expreso también mi agradecimiento a Pere Estupinyà, bioquímico, del mismo equipo, por sus sugerencias sobre el papel del azar en los descubrimientos científicos. Y a Marc Correa, del Instituto Químico de Sarrià, por identificar alguno de los contados casos en los que la cultura empresarial refleja, y otras veces no, la sabiduría milenaria de los insectos sociales.

Capítulo 1

El mundo real, que en gran parte es invisible, es mucho mayor que el mundo visible

«No te quiero alarmar, Eduardo, pero un noventa y cinco por ciento de la realidad es invisible.»

Con estas palabras inició su conversación conmigo el físico y cosmólogo Edward Kolb, el científico que más lejos ha llegado en el conocimiento de lo ocurrido durante el primer segundo después del Big Bang, que dio origen al Universo hace unos trece mil millones de años.

¿Cómo es posible que una hormiga, o un organismo incomparablemente mayor como nosotros, un fósil de dinosaurio, un planeta o una galaxia dependan todos de las interacciones de partículas invisibles? Todo sucedió en el mismo y primer segundo de la historia del Universo. Y todo evoluciona, por tanto, condicionado, desde el principio primordial, por las partículas fundamentales que interactuaban entonces a unos niveles de presión, densidad y temperatura muy distintos de los que rigen hoy día.

Aquellas partículas que modelaron el mundo gigante de los homínidos y los planetas eran invisibles porque nadie pudo contemplar el primer segundo del origen del Universo; y siguen siendo invisibles hoy día a los ojos de los organismos que evolucionaron doce mil quinientos millones de años después. Es paradójico que, siendo fuerzas invisibles las que han pergeñado nuestra existencia individual, nos llevemos tan mal con todo lo que no vemos con nuestros ojos y palpamos con nuestras propias manos. En contra de nuestra esencia y evolución, estamos empeñados en que sólo es real aquello que se ve. Únicamente en el ámbito de lo sobrenatural se da por descontado que Dios es invisible. En el mundo real, en cambio, solamente existiría lo que es visible.

La vida económica y de los negocios no escapa en modo alguno a esa constante universal. ¿Cómo iba a hacerlo? Es más, no sólo una gran parte de la realidad y de los proyectos de negocio son invisibles, sino que cambiando el enfoque, el ángulo o nivel desde el que se mire la realidad estudiada, se hacen visibles cosas que eran invisibles. Hay realidades que no se vislumbran, y aspectos invisibles que se atisban si se mira de otra manera. Para abocar directamente un proyecto a la bancarrota basta con limitar la realidad del negocio a lo que se ve: balance, cuenta de resultados, inventario o nóminas. O bien renunciar al estudio de lo que está ocurriendo realmente desde ópticas distintas que pertenecen a otras dimensiones.

Las mismas neuronas para percibir que para imaginar

En la vida moderna, el mayor activo de la empresa es precisamente un intangible: la marca. Hasta hace muy poco, se consideraba que el grado de satisfacción del cliente con el producto o servicio suministrado era lo que más importaba. Las empresas gastaban sumas considerables en la medición de ese grado de satisfacción. Pero la neurociencia acaba de poner de manifiesto que se activan el mismo grupo de neuronas cuando se percibe un objeto, una persona, un producto o un servicio que cuando se imaginan. En estas condiciones, tan importante como esmerarse en el buen funcionamiento del producto es asegurarse de que el cliente lo imagina en condiciones óptimas. La marca pertenece al mundo de lo imaginario. A un producto o servicio sin marca le falta exactamente la mitad de su valor. El cerebro utiliza las mismas neuronas para percibir que para imaginar. Y unas veces percibe y otras imagina. El proceso que se inicia con una percepción puede que no seduzca al cerebro. El proceso que se inicia imaginando aborta seguro si no hay nada que imaginar.

Un conocido empresario local de la provincia de Alicante se había especializado en comprar la cosecha a los campesinos de la zona. Conocía a todo el mundo, y todo el mundo le conocía. Era al principio de la década de los setenta, cuando España llevaba apenas unos años vendiendo sol al resto del mundo. La increíble expansión económica en Europa de la década anterior creó una clase de consumidores extranjeros de sol y playa los primeros años; de compradores de segunda residencia después; y de vivienda definitiva, donde retirarse lejos de las brumas del norte de Europa, unos años más tarde.

Anselmo —nunca supe su apellido— recorría sin cesar las parcelas, conocía la meteorología de la zona como nadie, los avatares epidemiológicos y ambientales de las cosechas, las características de los mercados y, por supuesto, a los propietarios con quienes negociaba. A sus propios ojos, y de los demás, el activo que le permitía sobrevivir de los márgenes entre los precios de compra y reventa de las cosechas era su conocimiento del mercado de frutas y hortalizas, los niveles de calidad demandados y el apoyo de los bancos locales. La red de propietarios de las parcelas —casi todos amigos de la infancia— la llevaba en la memoria, y ni siquiera había anotado en una libreta el listado de sus nombres y direcciones. Pero fue la red de nombres y localidades, tanto como la información sobre los avatares personales de sus vecinos, lo que le convirtió en millonario de la noche a la mañana.

Cuando los turistas y pensionistas europeos empezaron a buscar parcelas donde construir sus futuras residencias, Anselmo echó mano de su memoria y anotó, esta vez sí, y con sumo detalle, la red de dueños de las parcelas que hasta entonces se habían dedicado a la agricultura. La red de propietarios era el mayor activo del negocio, y la información personal sobre cada uno de ellos permitió redactar enseguida el catálogo de los que venderían a cualquier precio, o no venderían nunca. Aquella red podía utilizarse para comprar cosechas, o construir casas, o para que circularan otros productos. Saber algo del mercado de frutas y hortalizas o del mercado inmobiliario era, seguramente, de gran utilidad; lo mismo ocurría con el almacén donde guardaba la fruta antes de distribuirla. Pero el mejor activo del negocio de Anselmo era la red. Lo que le hizo multimillonario a finales de los setenta fue haber conservado en la memoria el listado de campesinos propietarios de parcelas, y conocer su condición. Contaba con un activo intangible que no hubiera figurado siquiera en el balance teórico de su nuevo negocio: una red. Fue lo que cambió su vida.

Paradójicamente, fue también en los años setenta cuando los bancos descubrieron, mediante la venta de servicios cruzados, que su mayor activo era la red de clientes. Hasta entonces, la banca era fundamentalmente una banca de empresas. Un porcentaje muy elevado de los créditos se concentraba en un número muy reducido de grandes corporaciones. El director de una sucursal pasaba la mayor parte de su tiempo negociando con el director financiero de las empresas-clientes la cuantía y condiciones de las pólizas de crédito. Ése era el negocio bancario por excelencia. La llamada banca de particulares apenas existía, y gozaba de muy poco crédito en el sentido literal de la palabra, y en la escala de valores sociales.

Cuando la crisis mundial del petróleo conmovió las estructuras corporativas, y el afianzamiento progresivo del control monetario por parte de los bancos emisores limitó seriamente los márgenes de actuación de la banca, hubo que descubrir nuevas fuentes de beneficios. Repentinamente, el interminable listado de clientes desconocidos —invisibles para el director de la sucursal, acostumbrado a comer en los grandes restaurantes de lujo con los directores financieros de las empresas— se convirtió en el activo más preciado de la banca. Por la red de clientes podían fluir y cruzarse servicios tan distintos como créditos personales, hipotecarios, seguros contra incendios, fondos de inversiones y tarjetas de crédito. Fue la explosión de la banca de particulares. Este tipo de banca multitudinaria requería potentes equipos informáticos y una gran dispersión de sucursales que actuaran de antenas y puntos de contacto con la marea ciudadana. Pero el origen de ese proceso, y el activo más valioso, era la red de clientes desconocidos. Sobre ese intangible se erigía la banca moderna.

La importancia de lo invisible

Decía antes que cambiando el nivel desde el que se mira la realidad se hacen visibles cosas que eran invisibles. Un ejemplo excelso está relacionado con la aparente quintaesencia del análisis económico: los objetivos de los principios contables recogidos en el Plan General Contable. «Tienen como objetivo —dicen los expertos— conducir a que las cuentas anuales, formuladas con claridad, expresen la imagen fiel del patrimonio, de la situación financiera y de los resultados de la empresa.» Frases como ésta se pueden encontrar en cualquier libro de contabilidad, y después de leerlas un par de veces surgen múltiples incógnitas.

¿Refleja la contabilidad realmente la imagen fiel del patrimonio? Hoy sabemos que no es cierto. Se entiende por patrimonio el conjunto de derechos, bienes y obligaciones que posee la empresa. Ahora bien, en función de la política de amortizaciones varía el valor de los activos. Y, por lo tanto, la situación patrimonial es distinta a raíz de una determinada decisión financiera.

Existen múltiples sistemas para valorar una empresa, cada uno de los cuales da un valor diferente. Llegados a este punto, a algún lector se le habrá pasado por la cabeza aquello de que el mercado establece el valor de una empresa. Ya se sabe que el mercado por antonomasia es el mercado de valores; debería ser, pues, la Bolsa la que dicte el precio. Ahora bien, una cosa es el precio al que cotiza la acción y otra el precio que resultará de comprar, no sólo un puñado, sino suficientes acciones para hacerse con el control de la empresa. Y nadie ignora que la consiguiente oferta pública de acciones (OPA) requerirá más dinero del que establecía el mercado antes para comprar acciones. En este caso, aparece otro precio de compra de la misma empresa con idéntico patrimonio. Se podrían enumerar muchos otros ejemplos, pero bastan los apuntados para llegar a la conclusión de que no se dispone «de una imagen fiel» del patrimonio de la empresa.

Más grave es la situación de los intangibles, entre los que destaca la marca de la empresa. Se sabe que la marca de Shell representa un 77 por ciento de su capitalización bursátil, lo mismo que Nike. La marca de Coca-Cola representa un 60 por ciento de su valor y un 52 por ciento en el caso de Kellogg's. Nadie niega que el valor de la marca es un factor decisivo que, en algunos casos, supera en importancia al valor de la maquinaria. Sin embargo, no figura en los estados financieros. Tampoco lo que «vale» el equipo directivo de la empresa; ni el conocimiento por ellos acumulado. Y como se vio en el caso de Anselmo —el corredor de fincas de la provincia de Alicante—, no aparece en ningún lugar visible el valor de los clientes fidelizados.

Evidentemente, todos esos elementos conforman la empresa sin que estén reflejados en los estados financieros que, teóricamente, representan su «imagen fiel». ¿No será que las finanzas también deben asumir que el 90 por ciento de la realidad es invisible?

Los virus se encargan, intermitentemente, de extender como una mancha de aceite las epidemias. Por eso se dice que una gripe es contagiosa. Los autores del contagio son microorganismos invisibles a los que los biólogos discuten su condición de organismos vivos, porque no pueden replicarse por sí mismos, y están forzados a hipotecar los mecanismos de reproducción de la célula que invaden. Son invisibles, pero existen.

Muy probablemente, el tamaño de los humanos, a mitad de camino entre una molécula y el Sol, no es el adecuado para percibir una u otro. Nuestro tamaño no nos permite aprehender el mundo subatómico (somos demasiado grandes) ni las dimensiones de las galaxias (demasiado pequeños). Somos islotes rodeados por mares de biomasa formada por seres microscópicos. Con mucho esfuerzo, la gente llega a imaginarse a los primates de los que nos separamos hace sólo cuatro millones de años, sin darse cuenta de que la vida, la misma vida de ahora o muy parecida, la protagonizaban bacterias hace tres mil cuatrocientos millones de años. Aunque en realidad no sea así, aparentemente una bacteria es mucho más pequeña respecto a una hormiga que una hormiga respecto a un elefante. Cada una de nuestras células proviene de microbios —cianobacterias y otras— que se unieron hace miles de millones de años. Los homínidos seguimos siendo básicamente una comunidad andante de bacterias. El mismo mundo invisible que nos precedió y nos sostiene nos sobrevivirá, sin lugar a dudas.

La primera pista que da la historia del Universo y de la evolución para no equivocarse en los negocios es reparar en la importancia trascendental de lo invisible. Gran parte de la realidad no la podemos percibir a simple vista. Y en el Universo, en la evolución y en los negocios, la realidad invisible no sólo es mucho mayor que la visible, sino también la más importante. Activos intangibles como las marcas, las redes o la naturaleza contagiosa de una moda o un producto son determinantes.

Lo que convierte a un producto mediocre o normal en una moda contagiosa también suele ser invisible. Y muy difícil de determinar. No sólo eso, sino que —al contrario de la gripe— no hay autor del contagio. ¿Cuál es el proceso mental y de orden social que convierte una prestación o producto en algo contagioso que todo el mundo quiere, de repente, adquirir? Tan es así, que más vale olvidarse de un producto —y concentrar la atención y recursos en otra parte— que no sea contagioso como la gripe, o la mayoría de las enfermedades sexuales. En el siguiente capítulo se apuntan algunas de las pistas que da la Ciencia para que un proyecto, producto o negocio se extienda con la rapidez e intensidad de una epidemia.

Capítulo 2

Negocios contagiosos como la gripe

En la posguerra española, en el campo entonces aleatorio de la alimentación —o del racionamiento, en función de la escala social en la que uno figurara— sólo había una certeza: la de poder comprar lentejas o sardinas. Esa legumbre y ese pez prolífico eran la base de la dieta cutre y popular. El producto equivalente en el sector del calzado eran las *avarques* —así llamábamos en el Priorat, en la provincia de Tarragona, al calzado fabricado con restos de neumáticos—. Muchos años después, en las clases de Economía, para explicar a mis alumnos la inusitada rapidez del proceso de industrialización en España —sólo igualado por Corea del Sur—, les ponía de ejemplo a mi generación, que llevó *avarques* y ahora se compraba camisas confeccionadas por Banana Republic en Nueva York.

Las lentejas, las sardinas e incluso las *avarques* son hoy productos de moda, profundamente contagiosos, que figuran en las cartas de los restaurantes de lujo y en las zapaterías más sofisticadas de Ibiza, Soho o Boulevard Saint Germain. ¿Cuáles son los mecanismos que han convertido algo tan trivial como las lentejas, las sardinas o las *avarques* en productos de moda? Newton, que lo sabía casi todo, solía decir que le gustaría conocer «el mecanismo que permite al cerebro transformar una percepción visual del Universo en la gloria de los colores y la conciencia» —que no están, por supuesto, en el Universo—. En contestar esta pregunta andan todavía ocupados muchos neurocientíficos, como lo estuvo el premio Nobel Francis Crick, descubridor con James Watson, en 1953, de la estructura de la molécula del ADN.

Paradójicamente, los dos científicos que descubrieron «el secreto de la vida» —la estructura del código genético de los organismos vivos— tenían el don de interrelacionar ideas y acontecimientos dispersos. Su vocación era la de atar cabos y rabos; en lenguaje menos popular: multidisciplinar. Ni Crick ni Watson podían ser calificados como de los mejores en su especialidad. Eran demasiado jóvenes para ello, y había científicos igual de jóvenes —como Rosalyn Franklin— que sabían más de lo que hacía falta saber para descubrir la estructura de la molécula, concretamente la disciplina de cristalografía. El mejor equipo especializado en las estructuras que mantenían cohesionadas las bases de la doble hélice —el otro agujero negro que hacía falta descubrir para dar con la estructura de la molécula de ADN— estaba a miles de kilómetros, en California. Pero el descubrimiento más contagioso del siglo fue obra de Crick y Watson.

La vocación multidisciplinar

Tenemos, pues, al primero de los factores que convierten a un descubrimiento, producto o moda en contagioso. En el caso de la moda, los sociólogos aluden al «modelo de la virulencia» para explicar su irrupción repentina y generalizada. No es tanto saber mucho de cada vez menos «hasta que se sabe todo de nada», sino la amplitud de miras para interrelacionar conocimientos o prácticas distintas. Hace falta una cierta dosis de inmodestia y descaro para asomarse a los reductos donde otros están profundizando con su esfuerzo tenaz y solitario; y hace falta asumir riesgos para vislumbrar antes que ellos las interrelaciones entre procesos que aparentemente nada tenían que ver los unos con los otros. Un producto contagioso es siempre el resultado de unir cabos sueltos.

Es lo que me vino a decir hace años Daniel Goleman —se estaba construyendo entonces una nueva y hermosa morada en el estado de Maine con los beneficios de su *best seller* mundial *La inteligencia emocional*—. El éxito del concepto de inteligencia emocional, por oposición a la inteligencia lógica y convencional, fue el resultado de relacionar el desencanto de la opinión pública con la política, el hastío de la gente a raíz de los abusos perpetrados por líderes e ideologías que habían querido transformar el mundo, con el sentimiento emergente de que valía la pena mirar un poco en el interior de uno mismo. La sugerencia contagiosa de Daniel Goleman consistía en apuntar que una leve mejora, en comparación con la situación que imperaba hace sesenta mil años, en el control de las propias emociones podía ser más fácil y gratificante que la tarea imposible de transformar al mundo. Es sorprendente constatar —en contra de este legado fundamental de la Ciencia— el rechazo que el hombre de la calle tiene a las consecuencias del sistema de interrelaciones. Se olvida de que el Universo, y la propia vida, serían inexplicables sin la red densa de información y retroalimentación entre sus partes constituyentes. Volveré con más detalle sobre este aspecto en el siguiente capítulo, al analizar una de las implicaciones más corrosivas de ese desconocimiento impuesto.

Cualquier sistema vivo, incluido el cuerpo humano, es algo más que la suma de sus partes. El mismo amasijo de células humanas que constituyen un cuerpo, pero amontonadas a un lado, nunca podría conseguir nada parecido. Como me decía en una ocasión el astrofísico John Gribbin, los millones de células que componen un organismo tienen su propia vida, y hacen cosas que las sustancias químicas de que están compuestas no podrían hacer por su cuenta. La razón principal por la que las células, y el cuerpo humano, pueden hacer cosas distintas yace en la capacidad de transferir información de una parte de la membrana de la célula a otra, y de una parte a otra del cuerpo. A nivel celular, pueden existir mensajeros químicos que llevan al lugar adecuado materiales para construir moléculas complejas. A nivel del cuerpo humano, se establece un tráfico incesante en dos direcciones entre el cerebro y los sentidos. Si la vida en el Universo está fundamentada en las interrelaciones de todo con todo, ¿cómo es posible que se olvide tan a menudo esta pista en la vida corporativa y de los negocios?

Hacen falta más cosas para que una idea o producto se convierta en contagioso. En primer lugar, debe ser bonito. Y lo hermoso va generalmente unido a la sencillez. Si hay dos fórmulas o ecuaciones para explicar un fenómeno, una enrevesada y otra simple, se impondrá la última. Muchos matemáticos y físicos están convencidos, además, de que la belleza inherente a la simetría refleja la verdad en mayor medida que las fórmulas alambicadas. «Lo bueno si breve, dos veces bueno», recoge el refranero popular. Y cuando al propio James Watson se le preguntó por qué de todas las opciones posibles, una, dos, o tres hélices, habían elegido la forma helicoidal de dos hélices para la estructura de la molécula, su respuesta fue inmediata: «Porque era la más bonita.»

Lo armonioso y simétrico es mejor

Actualmente, cualquier teoría científica que se precie debe barajar ecuaciones simples, reflejar las simetrías de la naturaleza. En definitiva, debe ser bella. Incluso en los sistemas llamados complejos, la belleza surge como simetría de los conjuntos, en lugar de las individualidades. Las nuevas teorías del caos expresan simetrías globales no extrapolables de simetrías individuales. En otros casos, se han podido explicar procesos observados en la naturaleza, a priori no simétricos, como resultado de la ruptura de una simetría global. En la Ciencia —¿por qué iba a suceder lo contrario en los negocios?—, las ideas contagiosas son muy simples: simetría y armonía o, lo que es lo mismo, simplicidad y equilibrio. Pocos creen ya que las simetrías las impone el hombre al Universo. Podríamos no existir y persistiría la simetría de una estrella de mar, de una flor o de unos gajos de naranja. Incluso en un planeta sin vida, la perfección de un cristal de cuarzo seguiría reflejando el orden atómico y molecular. Cada vez que se descubre una nueva forma de simetría, se propaga contagiosamente por otras disciplinas de la Ciencia.

El resto —como dicen los franceses— *ça va de soi*. Son factores que han podido experimentarse en el laboratorio o en la práctica, y que, por lo tanto, forman parte de la tecnología explícita para el lanzamiento de un proyecto personal, corporativo o un negocio. En primer lugar, hay que tener la osadía de romper con lo establecido. Los economistas le llaman a esto innovación; las técnicas para su implantación son hoy uno de los capítulos más importantes de la ciencia económica. La innovación es equiparable al concepto de aceleración que utilizan los físicos. En el vuelo de un avión a velocidad de crucero en las alturas nada cambia, ni siquiera el paisaje. Es en el despegue y aterrizaje cuando podemos ver lo que está ocurriendo, incluida la asunción de riesgos. Hay que salir de la monotonía del tiempo físico y de lo establecido para irrumpir en el tiempo psicológico de la innovación contagiosa. ¿Cómo escapar del tiempo físico sin estrellarse? Es una reflexión iniciada por Javier Tejada, catedrático de Física en la Universidad de Barcelona, que juntos hemos desarrollado después en conversaciones de café y platós que nos brindaba nuestra amistad, y sobre la que volveré en el último capítulo: la fórmula del éxito.

En segundo lugar, los últimos estudios sobre creatividad demuestran que los inventos van siempre unidos a la perseverancia. Picasso pintó cuadros de gran éxito por varias razones, una de las cuales tiene que ver con que pintó muchos cuadros. Como ocurre en el mundo de la biología, hace falta mucha tenacidad y energía para que la vida continúe en el interior de la célula protegida por su membrana. «La vida —dice el astrobiólogo de la NASA Ken Nealson, encargado de redactar el manual para buscarla en el espacio— es una equivocación.» Hace falta un derroche fantasioso de energía para mantener a un organismo vivo durante un tiempo, en contra de la disipación generalizada y la entropía.

En tercer lugar, para que un producto o una moda sean tan contagiosos como la gripe, hace falta lanzarlos en el momento preciso y utilizar las tecnologías disponibles en el entorno. Tienen que reflejar su tiempo particular. *Grounded* —dirían los americanos—, que equivale a «aterrizado en su circunstancia». Cuando los analfabetos mayores aprenden a leer, utilizan un área del cerebro distinta de los que aprendieron en la infancia. Y un segundo idioma que se adquiera en la edad adulta ocupa muchísimo más espacio en el cerebro que la lengua materna. Con peor relación coste-eficacia, por supuesto.

Utilizar las tecnologías emergentes

El neurólogo y premio Nobel español Santiago Ramón y Cajal fue un exponente claro de esa ubicación y enraizamiento en su tiempo. Cajal utilizó a fondo la técnica de tinción por el método de Golgi, que otros científicos estaban aplicando en Europa. Probablemente, de la misma manera que el artista de las cuevas de Altamira en la prehistoria, utilizó el conocimiento disponible entonces sobre materiales plásticos. Es muy improbable que puedan prolongar su éxito aquellos empedernidos, sobre todo en el campo de las humanidades, que se resisten hoy a incorporar en su trabajo las nuevas tecnologías de la revolución informática y de las telecomunicaciones. Progresar ahora recurriendo a las tecnologías de antaño es algo incompatible. Y resulta patético constatar que muchos filósofos y escritores se siguen nutriendo exclusivamente de las reflexiones de sus colegas de siglos pasados, marginando por principio los conocimientos aportados por la psicología evolutiva, la biología, la química, la física y las matemáticas; que enumero en el orden inverso al de su desarrollo en el tiempo.

Por último, queda la suerte. Un porcentaje elevadísimo de los descubrimientos científicos ha sido el resultado de investigaciones y trabajos efectuados en otras direcciones. Vale la pena recordar algunos ejemplos poco conocidos. Un estudiante londinense estaba intentando transformar anilina en quinina, sin éxito. Pero se dio cuenta de que su mezcla teñía de forma permanente la ropa: acababa de descubrir los primeros tintes sintéticos derivados de la anilina, que sentaron las bases de la industria química moderna. Paul Ehrlich —para identificar a las células en el microscopio— utilizaba determinados tintes que resultaron letales para algunas bacterias. Era el inicio del primer fármaco sintético para combatir la sífilis. Y no viene al caso mencionar todos los esfuerzos que, en lugar de desembocar en descubrimientos inesperados, no desembocaron en nada. Ni las millones de especies perfectamente preparadas para sobrevivir, ejemplares bellísimos de artrópodos del período Cámbrico, hace quinientos millones de años, que desaparecieron sin dejar rastro, mientras sobrevivían otras especies menos agraciadas.

Mis estudiantes en el Instituto Químico de Sarrià se soliviantan particularmente cuando un suspenso en el examen ha sido el resultado de la mala suerte. Y sirven de muy poco mis explicaciones recordándoles que el azar domina una parte importante de la evolución. Que mucho antes de que se consolidara la física cuántica y la teoría del caos, sugiriendo la impredicibilidad del funcionamiento de determinados sistemas, ya imperaba el azar. Y que en sus futuras empresas y negocios ocurriría otro tanto. En realidad, nos formamos para competir y superar —cuando la suerte acompaña— a los de nuestro propio grupo que no lo hicieron. Una cebra no necesita correr más que una leona, sino más que otras cebras.

Las pistas

En definitiva, para que un producto tenga éxito se requiere que sea contagioso. Y para ello, en la evolución propulsada por la selección natural, se encuentran sugerencias múltiples:

- Saber interrelacionar datos o procesos aparentemente dispares.
- Cada vez más, los descubrimientos científicos son el resultado del espíritu multidisciplinar, y los negocios, de atar cabos sueltos.
- Un proyecto tiene muchas más posibilidades de alcanzar el éxito si es simple y bello; si expresa de manera sencilla la lógica de los procesos que justifican su aplicación.
- Hace falta romper con lo establecido y adentrarse en el tiempo psicológico.
- Es la cantidad de trabajo y energía lo que hace posible que *algunos* negocios tengan éxito.
- Empatizar con el entorno y aprovechar las tecnologías disponibles en el momento del desarrollo del proyecto.

Dicho esto, hay que contar con que las cosas pueden no salir como se esperaba, salir al revés, o no salir. Hay dos tipos de personas: las que sacan conclusiones de su experiencia y las que no. Y las que miran el fracaso como el final de un trayecto y aquellas que lo consideran, acertadamente, como la única fuente segura de conocimiento.

Capítulo 3

Las enseñanzas de los insectos sociales

Ya hemos asimilado que al valorar un producto debemos escudriñar los factores invisibles —la mayor parte— que condicionan su futuro. También hemos constatado que para garantizar su éxito hace falta que sea contagioso como la gripe.

Ya es hora, pues, de saber cómo nos organizamos para ponernos manos a la obra. Para desarrollar el proyecto o negocio, y llevarlo a buen puerto.

Es evidente que la especialización de tareas y la coordinación de esfuerzos a nivel corporativo constituyen una estrategia de organización adecuada. La otra estrategia, no menos necesaria, radica en la reducción de costes y el aumento de la creatividad que generan los sistemas descentralizados. No siempre se consigue que las dos estrategias funcionen de manera armónica. Es muy raro acertar con el compromiso imprescindible entre los beneficios de la acción corporativa coordinada y los ahorros en costes y mayor creatividad que fluyen de la descentralización.

En la actualidad, la balanza se ha inclinado peligrosamente a favor de la búsqueda de beneficios derivados de las acciones corporativas globales, en detrimento de las estrategias que impulsan la creatividad en los estamentos locales. Demasiado a menudo, el ideal del buen ejecutivo se plasma en apoderarse de cuantos más centros de información y gestión, mejor; de la misma manera que un cáncer se extiende por todo el organismo. Se renuncia con ello a la creatividad interrelacional y a la diversidad que, como se verá a lo largo del libro, están en la base de todo conocimiento. Así se acaba degradando el organismo global que sustenta los distintos centros de actividad, incluido el del propio directivo psicópata.

La mejor manera de aprender consiste en desaprender.* Y lo más útil consiste en desaprender aquellos conocimientos que son el subproducto de la imitación simplista de comportamientos patológicos en la Naturaleza. ¿Por qué no imitar, en cambio, en el contexto de las organizaciones corporativas, la riqueza de canales de comunicación celular que la biología molecular está poniendo de manifiesto? ¿En virtud de qué criterios se ha impuesto en la gestión de recursos el paradigma del control centralizado? Las bacterias establecen asentamientos por consenso, y las células utilizan las técnicas del quórum necesario antes de decidir a favor de una u otra estrategia. Todo el proceso de morfogénesis que conduce desde el óvulo fecundado al feto, y luego al recién nacido, sería imposible mediante un control centralizado.

Hay gente tóxica y contaminante

Es preciso insistir sobre los efectos perniciosos del control jerárquico de la gestión. Ha sido, sin lugar a dudas, la mayor fuente de ineficacias empresariales, de la merma continuada de los niveles de creatividad, de que no emergieran proyectos más inteligentes que la suma de las mentes empeñadas en idéntico proyecto, de los obstáculos para acceder al conocimiento planetario, y el factor principal de los ambientes tóxicos y contaminantes que imperan en el personal de muchas empresas grandes y pequeñas.

* Ver el ensayo del mismo autor en el libro *Desaprendizaje organizado*, editado por Accenture y publicado por Ariel, Barcelona, 2004. *(N. del e.)*

¿De dónde procede esta conducta tan generalizada? Más adelante apunto al motivo principal de esa disfunción en el contexto de la disyuntiva en la toma de decisiones entre procesos automatizados, por una parte, y conscientes o discriminatorios, por otra. Ahora interesa recalcar la necesidad de desaprender ese tipo de comportamiento patológico y de aprender que la inteligencia de un enjambre funciona muy bien sin control jerárquico y centralizado. Los insectos sociales como las hormigas, las abejas y las termitas han acumulado durante sesenta millones de años el conocimiento emergente —de abajo arriba— e interactivo, cuyos algoritmos se usan ya en la interpretación del diseño de estructuras urbanísticas espontáneas en barrios marginales y en la gestión del tráfico en Internet. No se puede decir que las hormigas sean extraordinariamente inteligentes, pero sí que el proyecto global —la construcción y funcionamiento del hormiguero— es más inteligente y sofisticado que la suma de las individualidades que lo han originado.

El experimento que voy a describir lo puede repetir el lector, o sus hijos, en casa si encuentran en la cocina o en el desván un grupo de hormigas benévolas. El experimento se puede hacer también con termitas, pero de todos es conocido su comportamiento menos sociable y más destructivo. El primer paso consiste en agrupar en un plato a una treintena de hormigas, cubiertas por un simple plástico agujereado que les permita respirar, pero que impida su salida. La salida la van a buscar febrilmente porque el ensayo comporta no darles de comer durante el primer día. Imaginemos una de las porterías de un campo de fútbol. En lugar de colocar el plato de hormigas enfrente de la portería, lo vamos a depositar al lado de uno de los postes. A las hormigas les parecerá bastante gigantesco, si recordamos las proporciones relativas que mencionábamos en el primer capítulo entre bacterias, hormigas y elefantes.

El siguiente paso no requiere mayores aptitudes de las necesarias para entretenerse con un mecano. Se trata de adosar a la vigueta horizontal de la portería, al seudolarguero, una semicircunferencia a modo de prolongación o desvío del camino que va desde el plato convertido en hormiguero transitorio al otro lado de la portería —al pie del otro poste—, donde se ha colocado un tarro lleno de azúcar. Cuando las hormigas salgan del plato, no tendrán más opción que recorrer la portería —postes laterales y larguero— con la excepción del desvío que encontrarán a mitad de camino. Es importante recordar que ninguna hormiga tiene una visión global del proyecto: desde su plato apenas pueden visualizar el comienzo del primer poste por donde van a iniciar la escalada; la prueba de que la inteligencia del enjambre es mayor que la suma de sus componentes implica que den con el camino más corto para llegar al tarro de azúcar, es decir, sin pasar por el desvío semicircular.

Ya puede empezar el experimento, cuya duración es de unos veinticinco minutos, más o menos, según la variedad de hormiga. Primero salen las innovadoras, o las más hambrientas. Inician la escalada del primer poste con suma cautela, dando algunos pasos atrás y reiniciando luego la exploración del camino. De todo el colectivo, sólo dos o tres se atreven al comienzo a adentrarse en lo desconocido. Al llegar al larguero, vuelven los titubeos, hasta que emprenden decididas la marcha por la autopista horizontal. Cuando llegan al desvío, se les presenta la alternativa de seguir adelante por el camino más corto o bien tomar el camino más largo. No parece haber mucha expectación ante esta alternativa; el período de reflexión y desconcierto no es más prolongado que el de las primeras dudas cuando iniciaron la marcha o alcanzaron el larguero. Como anticipa la física cuántica con los fotones de luz, es una cuestión de probabilidades: la mitad decide seguir por el larguero y la otra mitad toma el camino equivocado del desvío circular. Pero sólo durante un rato, porque a los pocos minutos se desencadena el fenómeno de la emergencia —ninguna orden superior—, y de las interrelaciones en la forma de la comunicación mutua mediante feromonas.

El proyecto global es más inteligente que la suma de las partes

¿Qué ha ocurrido en los primeros diez minutos de ese tráfico, cada vez más intenso y cambiante? Todas las hormigas sueltan en el camino una sustancia química llamada feromona, para dejar rastro a las demás y a sí mismas del camino elegido. Las hormigas que eligieron el camino más corto regresan antes a casa, puesto que el tiempo invertido en saciarse de azúcar es el mismo para las que acertaron y para las que se equivocaron tomando el camino más largo. A los diez minutos, hay más cantidad de feromonas en el larguero que en el desvío, sencillamente porque hay más tráfico. Poco a poco, se evaporan las feromonas del desvío semicircular, y al final del experimento el larguero se ha ennegrecido por la riada de hormigas, mientras el desvío permanece abandonado y sin peatones. El enjambre ha sabido elegir el camino más corto, sin policía urbana, sin tener nunca una visión global del proyecto ni soportar un control centralizado.

Las enseñanzas del modelo de los insectos sociales saltan a la vista. La primera es la importancia trascendental de la comunicación a nivel horizontal; son los conocimientos que se extraen a partir de las interrelaciones entre los miembros del grupo los que sustentan el proyecto. Y toda la arquitectura del hormiguero cautivo descansa sobre un sistema de comunicación bien probado: en este caso, las feromonas. Es difícil imaginar que los humanos puedan desarrollar con éxito un proyecto sin haber establecido ellos también un sistema de comunicación sólido —ése es el origen de la cultura empresarial en las pocas empresas que la fomentan— y sin aprovechar la creatividad que surge de las interrelaciones a nivel local. Hay algún que otro pionero en este campo.

A cualquier persona aficionada al mundo de la montaña le es familiar el nombre de *goretex*. Un tejido duradero, cortaviento, transpirable, impermeable y repelente al agua que se puede encontrar en productos como forros polares, chalecos, gorros y calzado. Detrás de este nombre figura una empresa multinacional establecida en 45 países, con 6.000 asociados, en la terminología de la empresa, y que factura anualmente más de mil millones de euros. Al final de la década de los cincuenta, Bill Gore, ingeniero químico, descubrió una nueva aplicación al politetrafluoretileno (PTFE); y con su esposa fundó la empresa W. L. Gore & Associates, Inc. En 1969, su hijo Bob Gore realizó un descubrimiento que cambió el rumbo de la compañía: el PTFE podía expandirse y dar lugar a una membrana porosa y altamente resistente. Este producto fue rápidamente conocido a nivel mundial por sus múltiples aplicaciones en ámbitos como la electrónica, las aplicaciones médicas, los textiles y el medio ambiente. Actualmente, W. L. Gore & Associates, Inc. posee más de 650 patentes en Estados Unidos.

La estructura de W. L. Gore & Associates, Inc.

Se ha intentado sustituir las figuras de jefe y trabajador por las de asociado y patrocinador. El asociado, según la propia definición de la empresa, es una persona automotivada que actúa por sí misma, se autocontrola, toma compromisos y los mantiene. Los asociados son accionistas de la empresa a través del Associates Stock Ownership Plan. Aunque el patrocinador tiene una importante influencia en el nivel de retribución de su asociado, no puede considerarse su jefe. De hecho, el sistema de valoración del rendimiento tiene en cuenta la opinión de todos los que colaboran con dicho asociado, especialmente de aquellos a los que lidera. Cuando se crea un grupo autoorganizado y multidisciplinar que decide sus propios objetivos, es en el propio equipo donde debe emerger un líder. A medida que los asociados van resolviendo problemas, demostrando su capacidad para liderar equipos y aumentando su participación en la empresa, el resto de asociados los reconoce así.

Se trata de una estructura emergente que se concreta en función de las capacidades, habilidades e iniciativa de sus asociados. Son los propios asociados los que creen en el equipo, buscan y convencen a otros asociados para que se unan al proyecto y elijan un líder entre ellos. La comunicación entre los asociados y los patrocinadores es directa. Todo el mundo puede ponerse en contacto con todo el mundo. No hay canales predeterminados de comunicación. Los asociados se agrupan voluntariamente para sacar un proyecto adelante, un proyecto que ellos mismos se han comprometido a sacar adelante, asegurando siempre que su rentabilidad estará por encima de la línea de flotación.

La irrupción de nuevas tecnologías como Internet ha acrecentado todavía más, si cabe, la importancia de los niveles locales como fuente de información e inspiración. El acceso al cerebro planetario está ahora en sus manos, de tal manera que cada vez menos supervisores sabrán más que sus subordinados de la parcela gestionada por éstos. En el modelo de gestión jerárquica y centralizada, se pierde el potencial creativo de «la línea», de las instancias locales, a las que se condena al papel de meros ejecutores de directrices cada vez menos realistas.

El modelo de los insectos sociales nos advierte también de que la sencillez no es un defecto, sino una virtud. En ocasiones, resulta desorbitado y peligroso utilizar las tecnologías más sofisticadas y complejas, cuando podría recurrirse a técnicas sencillas que no agravaran la amenaza que supone la sociedad de las averías. A raíz de reflexiones como ésta, se están investigando ahora las posibilidades de fabricar miles de robots minúsculos y sencillos del tamaño de un escarabajo, en lugar de un solo robot sobredimensionado y complejo para tareas parecidas. ¿Por qué no fabricar una cucaracha robot —en lugar de sofisticados y peligrosos insecticidas—

que confunda a sus semejantes no-virtuales hasta guiarlas fuera de las casas y edificios donde constituyen una peste?

Al referirme antes a los efectos nefastos del control centralizado y jerárquico de la gestión, apuntaba que la clave de esta anormalidad estaba en el funcionamiento del cerebro. Al contrario de lo que ocurre con los crustáceos —que llevan el esqueleto por fuera y la carne por dentro—, los homínidos vamos con la carne fuera y el esqueleto dentro; el esqueleto, «y el cerebro», añade el neurofisiólogo de la Universidad de Nueva York Rodolfo Llinás. El cerebro está dentro del esqueleto, absolutamente a oscuras, elucubrando a partir de señales codificadas por sentidos deficientes y a menudo enfermos. No es seguro que este cerebro se haya autodiseñado para descubrir la verdad, sino más bien para garantizar su supervivencia. Ha necesitado algo de inteligencia y tiempo para automatizar miles de procesos como la respiración, la digestión o la transpiración. En la gestión de los procesos automatizados, el cerebro funciona de manera tan eficiente que a nadie se le ocurriría abrumarse asumiendo la dirección consciente de la toma de decisiones que implica, minuto a minuto, segundo a segundo, la tarea de respirar o digerir. La eficacia en la gestión del cerebro para tareas no automatizadas, en cambio, es harina de otro costal.

Existe un consenso generalizado en el sentido de aceptar que la historia de la civilización es la historia de la progresiva automatización de procesos. En la medida en que hemos podido automatizar la producción de alimentos a raíz de los primeros asentamientos agrícolas hace nueve mil años, o la satisfacción de necesidades básicas como los suministros de agua, luz y electricidad, o la automatización generalizada de las telecomunicaciones a raíz de la revolución tecnológica, en la misma medida se ha consolidado una civilización sofisticada y compleja en el planeta. Por ello, resulta incomprensible la resistencia numantina a automatizar determinados procesos empresariales —como la aprobación de una dieta de viaje—, y dejarlos, al igual que ocurre con la gestión de los sentimientos, al libre albedrío de las decisiones discriminatorias y aleatorias. La eficacia del cerebro en la gestión de procesos no automatizados no está probada. Véanse si no los hechos deplorables que ocurren en campos de la actividad humana como la violencia doméstica, la política o la protección del entorno, dejados al quehacer consciente de voluntades individuales y colectivas.

El control de gestión centralizado y jerárquico se nutre en la convicción equivocada de que la capacidad consciente del cerebro para decidir por su cuenta y riesgo es equiparable, en términos de eficacia, a su capacidad inconsciente de gestionar procesos automatizados. Todo apunta en sentido contrario.

Capítulo 4

El cerebro creativo

Volvamos a los descubridores del «secreto de la vida». En los círculos académicos de Crick y Watson, a comienzos de los años cincuenta, no estaba de moda la investigación de la molécula del ADN; era una macromolécula, extraída la mayor parte de las veces del pus de heridas, sin futuro predecible para los investigadores, comparado con el atractivo que ejercían las proteínas, esa especie de ingenieros polivalentes de las células.

Paradójicamente, ahora que se ha dicho y avanzado tanto en el estudio del genoma, vuelve a flotar en el aire la convicción de que, al final, todo dependerá de los resultados de la investigación sobre la estructura y funciones de las proteínas. Pero en 1953, Crick y Watson supieron ser creativos en el sentido que esa palabra tiene en la vida de los negocios. Ser creativo —dice el psicólogo Robert Stenberg— es apropiarse de una idea barata, que todo el mundo desprecia, y convertirla en la idea más cara y deseada. Los descubridores del genoma humano compraron barato la molécula del ADN, que la mayoría despreciaba, y la transformaron en algo tan de moda y prestigioso como una proteína.

Igual ocurre en la vida económica. Las grandes fortunas en bolsa no se han hecho con las plusvalías adicionales de valores adquiridos cuando la demanda de la mayoría los empujaba al alza, sino comprando valores que el mercado cotizaba a la baja por creer que no tenían futuro, cuando sí lo tenían.

Los dos ejemplos ponen de manifiesto la capacidad del cerebro para *sistemizar*. Se trata de explorar y construir un sistema de manera que las reglas imaginadas o reales que le hacen funcionar permitan predecir su comportamiento futuro. Se empieza con un dato —la molécula, o el valor a la baja de una acción en los dos casos anteriores—; se exploran los factores que determinan el funcionamiento del sistema —la recombinación de cromosomas o la actualización del beneficio esperado—, y se obtiene el resultado querido: predecir los mecanismos reproductores o el valor futuro de la acción. Ésta es la gran hazaña del cerebro creativo.

Saber ponerse en el lugar del otro

¿Es factible utilizar el modelo *sistémico* para predecir el comportamiento de las personas, de la misma manera que se pueden predecir procesos y sistemas? El psiquiatra inglés Simon Baron-Cohen sugiere que eso sólo es posible en el caso de que se quiera estudiar un *sistema* dentro de una persona, y pone el siguiente ejemplo: las estadísticas muestran que entre las mujeres embarazadas de veinte años el índice de abortos naturales es del 10 por ciento. Del 20 por ciento entre las mujeres de treinta y cinco años. Del 33 por ciento a los cuarenta años. Y tan sólo dos años más tarde, el 90 por ciento de las mujeres embarazadas sufrirán un aborto. El dato aquí es el óvulo de la mujer, la operación es el envejecimiento, y el resultado es la predicción del riesgo.

La empatía —definida como la habilidad de identificar las emociones y pensamientos de otra persona, y de responder a ello con las emociones apropiadas— sería el modelo adecuado, y no el *sistémico*, para analizar lo que ocurre en el interior de la mente. Baron-Cohen y otros neurocientíficos relacionan el primer modelo, o *sistémico,* con la conducta genérica del varón, y la empatía con la de las mujeres, sin pretender que sea así, lógicamente, en todos los casos. Pero parece obvio, si se tienen en cuenta los hallazgos de la psicología evolutiva, que, en lugar de oposición entre las dos maneras de actuar, lo que ocurrió fue que la última precedió a la primera en la historia de la civilización humana.

La persona, hombre o mujer, que pudo por primera vez detectar lo que el cerebro del otro estaba pensando, se hizo con la mayor ventaja evolutiva de la historia de la humanidad. El conocimiento de los procesos mentales del interlocutor no sólo abrió el camino a las relaciones afectivas y a las primeras terapias de ayuda, sino también a la capacidad de influenciar y manipular el pensamiento de los demás. Frente a este poder primordial siguen palideciendo, incluso hoy día, y en contra del sentir mayoritario, otros poderes como el económico y el político. El control supuestamente ejercido por las multinacionales, los gobiernos y los servicios de inteligencia de turno es un subpoder derivado y de tercer orden comparado con el poder de intuir el pensamiento del otro —magistralmente simbolizado en el cuadro sobre el juego de cartas del pintor Georges de la Tour, en el Museo del Louvre.

Cerebro sólo lo tiene el que lo necesita. Las plantas poblaron de verde el planeta sin necesidad de un sistema nervioso. Pero aquellos organismos que necesitaban moverse, ya sea para alimentarse —porque sus metabolismos eran menos sofisticados que el de las plantas (que con la energía del sol son capaces de generar su propio alimento)— o para buscar pareja y reproducirse, esos organismos necesitan un cerebro. Entre ellos estamos nosotros, y antes que nosotros los tunicados.

Los tunicados merecen una mención especial, no sólo porque fueron de los primeros organismos que desarrollaron un protocerebro, sino porque sus condiciones de vida revelan con gran transparencia cuándo y para qué se necesita un cerebro.

En su mayoría, sin embargo, los tunicados adoptan formas fijas, tan diferentes de los otros cordados, que los miembros primitivos se confunden con esponjas o celenterados. Pero la forma larvaria de los tunicados se asemeja superficialmente a un renacuajo; posee una larga cola que contiene un notocordio y una cuerda nerviosa dorsal. Cuando la larva encuentra un medio con nutrientes, acaba adhiriéndose al fondo marino y, sorprendentemente, pierde la cola y absorbe la mayor parte de su sistema nervioso. En otras palabras, cuando tiene un puesto fijo se come su propio cerebro porque ya no lo necesita.

De lo anterior se desprende que el cerebro surge cuando es preciso interaccionar con los demás para reproducirse —las plantas se bastan con el viento, insectos y pájaros que transportan su polen— o bien para buscar alimentos. En la economía moderna, un negocio o empresa se suele lanzar con el ánimo de aumentar la renta —buscar alimentos—, y para ello es preciso intuir lo que está pensando el mercado —el cerebro del otro—. Tan necesario resulta sistemizar, es decir, construir un proyecto, como empatizar, o sea, identificar las emociones de los demás para corresponderlas. Toda la sofisticación posterior del desarrollo cerebral, como el arte o el lenguaje ornamental, al que nos referiremos en el próximo capítulo, no debieran enturbiar la visión de las necesidades básicas que el cerebro asume desde sus comienzos remotos en la historia de la evolución.

La práctica diaria, sin embargo, está llena de ejemplos en los que se lanza un negocio como si las leyes del Universo y de la evolución no fuesen aplicables al caso. ¡Cuántos negocios empiezan sin haber aquilatado —al contrario de lo que han hecho todas las especies, como se analiza en el capítulo 6— la estrategia de costes que garantice un flujo de renta adecuado! ¡Cuántos productos se fabrican sin haber efectuado un análisis detallado de lo que demandan los demás! Son negocios o proyectos que prescinden de las funciones básicas y primordiales del cerebro evolutivo: encontrar alimentos e intuir lo que pensaban los demás. El cerebro no ha sido diseñado para buscar la verdad, sino para sobrevivir, y emplea más tiempo evitando darse contra una pared que descubriendo el teorema de Fermat.

Tal vez por ello hay tan pocos hombres de negocios que sean, al mismo tiempo, grandes matemáticos, y viceversa. Al empresario, como al científico, le puede la curiosidad y la pasión por el juego. Pero, a partir de ahí, todo son diferencias: el primero se pasa la vida preguntando a las personas, en lugar de a la Naturaleza; el segundo contempla dedicar una buena parte de su vida —no tanto como pretenden algunos científicos asimilados por las estructuras burocráticas— a la investigación básica; mientras que el empresario, cuando admite que ésta es el soporte de la investigación aplicada, da por descontado que los costes corran a cuenta del Estado, y no concibe trasladarlos al precio de sus productos.

Sin emoción no hay proyecto

Los logros más recientes de la neurociencia se están dando en el campo de las emociones y los sentimientos. Y anticipo enseguida que algunos de estos logros son extremadamente pertinentes para la vida de los negocios. Es más, se agrandan sobremanera las posibilidades de fracaso, en una doble vertiente que ahora analizaremos, cuando se ignoran los últimos descubrimientos de neurocientíficos como Antonio Damasio, Susan Greenfield y muchos otros sobre la naturaleza de las emociones. ¿Qué tendrán que ver los descubrimientos efectuados aplicando la tomografía por emisión de protones a pacientes en la Universidad de Iowa, o de Oxford, con mi negocio? —se preguntarán, seguro, muchos de mis lectores del mundo corporativo—. Pues tienen mucho que ver, no sólo con la marcha de la empresa, sino con el propio equilibrio vital.

En contra de la comprensión de las emociones —y todavía de la conciencia— jugó durante muchos años la resistencia de la propia comunidad científica a adentrarse en un campo no sólo minado por dogmas, sino en donde no existían tecnologías que facilitaran la experimentación y la prueba en la búsqueda de resultados. La situación es hoy bien distinta, y están aflorando ya los primeros consensos. El primero de los cuales es que el cuerpo, el cerebro, las emociones, los sentimientos y la mente, *por este orden*, forman un conjunto integrado. Se les puede estudiar, transitoriamente, por separado. Pero las emociones no sólo preceden a los sentimientos, sino que están en la base del comportamiento humano.

Los sentimientos producidos por emociones tales como la tristeza, la alegría, el pánico y los enfados activan zonas precisas, y en intensidades distintas, de los mapas neurales que registran lo que está ocurriendo en el cuerpo humano. Sin emociones no hay sentimientos. Y los sentimientos son un reflejo de los esfuerzos empeñados en la búsqueda de un equilibrio para que una determinada obra o ambición no desfallezca. Los organismos vivos están diseñados para reaccionar emocionalmente frente a desafíos. Un proyecto o negocio arranca de alguna de las motivaciones básicas del ser humano: hambre o sed, curiosidad, juego o sexo. O de todas ellas. Pero sin un profundo impulso emocional no llegará a ninguna parte.

Aludía antes a que el desprecio de las emociones aparecido en campos tan aparentemente alejados de los negocios como la neurociencia afectaba a éstos en una doble vertiente. Esta segunda vertiente apunta al corazón mismo de la gestión de los recursos humanos en las empresas. En los experimentos efectuados en la Universidad de Iowa, la irrupción de un sentimiento de tristeza provocaba desviaciones en los registros del córtex prefrontal, y se reducían los niveles de activación, mientras que el sentimiento de alegría generaba un aumento de la actividad en la misma región. Estudios posteriores y complementarios en otros laboratorios apuntan a una conclusión revolucionaria: los índices de creatividad se reducen drásticamente con los sentimientos de tristeza y mal humor.

Para utilizar una expresión del especialista en recursos humanos Charles Boyatzis, hay gente tóxica que, con su mal carácter, contamina y degrada los procesos de gestión. La cultura reinante, no obstante, favorece los comportamientos déspotas y malhumorados. Un catedrático es considerado más eficiente cuantos más alumnos suspende. Un jefe de sección tiene más posibilidades de llegar a jefe de departamento si es rudo con sus subordinados. A un negociador se le suponen más cualidades para arrancar del adversario concesiones si muestra un talante adusto y de pocos amigos. Pero nadie premia a un vecino por poner geranios en su balcón y alegrar así el campo visual de sus conciudadanos cuando van al trabajo.

Por último, el estudio de la actividad cerebral parece indicar que la inspiración que conlleva un descubrimiento no suele producirse en procesos de focalización intensa de aquella actividad en una cuestión concreta. Para la mayoría de los expertos, el acto creativo presupone una conectividad neural súbita y generalizada que da lugar a la conciencia, y no un esfuerzo de concentración en la naturaleza de un problema que únicamente afectaría a determinados grupos de neuronas. Algo parecido a lo que ocurre en un campo de fútbol cuando una jugada bonita culmina en el grito de ¡goool...! en todas las gradas. Pero este fogonazo ha ido precedido por un estado de actividad de baja intensidad, aunque generalizado. De ser esto cierto, tendrían razón los defensores de interrumpir el trabajo o la jornada laboral con períodos de meditación, descanso o la misma siesta. Por lo demás, esto cuadra con lo sugerido en el siguiente capítulo al recordar el escaso poder de concentración del cerebro en el contexto de las políticas de comunicación.

Capítulo 5

La cola del pavo real y el lenguaje ornamental

En el primer capítulo se insistió en la necesidad de fijarse en la parte invisible de un negocio, y muy particularmente en los activos intangibles, como la marca o las redes. Vimos luego que los productos deben ser contagiosos como la gripe, y se apuntaron varios caminos para conseguirlo. A la hora de organizar el soporte organizativo para sustentar el lanzamiento, se apostó por la interactividad a nivel local, en mayor medida que los métodos de gestión basados en el control jerárquico y centralizado. En el capítulo 4 se extrajeron de los últimos avances de la neurociencia las pautas que resultan de las funciones primordiales y de la naturaleza integrada del cerebro, incluidas las emociones. Ha llegado la hora de explicar, en base a la evolución, por qué es imprescindible desplegar las señales que pregonan la calidad de un producto y cómo en esta tarea los organismos vivos han consumido, y siguen invirtiendo, innumerables esfuerzos. Con razón.

El error más común a la hora de comunicar las virtudes de un proyecto o de una persona es fiarse del lenguaje. El psicólogo Steven Pinker ha demostrado la naturaleza genética de la capacidad lingüística. Si no fuera así, difícilmente se entendería que un niño de tres años sea incapaz de resolver ecuaciones muy elementales y sorprenda a familiares y extraños, en cambio, soltándose a hablar utilizando la sintaxis. Para hablar un idioma hace falta un conocimiento tan sofisticado y extenso, que sólo se puede dar la paradoja de improvisarlo a los tres años si se nace con una cierta capacidad genética para comunicar mediante el lenguaje.

Ahora bien, esta capacidad genética pertenece al grupo de actividades digitales del cerebro, por oposición a otras que son analógicas. Al hablar del lenguaje en los homínidos, estamos confrontados, pues, a un sistema binario de ceros y unos, como ocurre con los ordenadores. Y con un sistema binario es muy difícil matizar. Funciona a las mil maravillas para decir «Hola, ¿qué tal? ¿Cómo está usted?». Pero no puede ir mucho más allá. Cuando los homínidos quisieron expresar sutilezas y matices propios de la conciencia, recurrieron enseguida a las artes plásticas o a la música. Y prueba de ello son los vínculos establecidos entre el lenguaje gestual, el primero utilizado durante centenares de miles de años —al que regresan los que han perdido la capacidad de hablar—, el lenguaje hablado y la música. Que ésta es una variante del lenguaje hablado lo demuestra el hecho de que determinadas diferencias en las percepciones musicales entre individuos distintos dependen de cuál haya sido su idioma materno en la infancia.

No es extraño, pues, que una vez más el refranero popular o el sentido común —al afirmar que «hablando la gente se entiende»— represente la antítesis de la Ciencia. El Sol no da vueltas alrededor de la Tierra, como indica el sentido común, y muy a menudo «hablando la gente se confunde». Entre otras cosas, por la capacidad que tienen los humanos —junto a otros mamíferos— de mentir. Lo que distingue a una persona con inteligencias múltiples de un autista es su capacidad de mentir.

El lenguaje es como la cola del pavo real

No se trata de infravalorar el lenguaje como desencadenante de la cultura colectiva en un punto de la evolución. Lo que se cuestiona es su finalidad. Más que para entenderse, el lenguaje se desarrolla para desplegar, como la cola del pavo real, determinados atributos genéticos en el contexto de la selección sexual. El psicólogo evolutivo norteamericano Geoffrey Miller lo llama el lenguaje ornamental, aduciendo que no tiene sentido alguno desarrollar hasta sesenta mil palabras de un idioma como el inglés o el español, cuando en la vida corriente rara vez se utilizarán más de cuatro mil. ¿A qué responde el despliegue de esa locuacidad innecesaria? Simplemente, al cortejo. Tanto la capacidad de expresión como la de expresarse de manera particularmente florida señalan al otro miembro de la pareja la posesión de una ventaja comparativa propia de genes adecuados para la reproducción y el cuidado de la prole.

Lo que apunta la historia de la selección natural —y de su capítulo más importante, la selección sexual— es la absoluta necesidad de desplegar todos aquellos atributos, no sólo el lenguaje, que indican la idoneidad de los genes que se ofrecen para la reproducción. Es sabido que, en algunos casos, como en el de la cornamenta de ciertas especies de ciervos o en el de la cola del pavo real, el peso físico del despliegue y la consiguiente merma de la flexibilidad para huir frente a un depredador pueden poner en peligro la propia vida del candidato. Aunque la práctica demuestra que en estos casos se están probando las dos cosas a un tiempo: la excelencia de los genes y, gracias a ellos, la capacidad de hacer frente a los depredadores, a pesar de la rémora del espectacular despliegue.

En la Naturaleza no hay ninguna indicación de que «lo bueno, en el arca se vende». Tanto es así, que resulta comprensible que muchos biólogos y etólogos reduzcan la historia de la evolución a un esfuerzo ininterrumpido por desplegar los indicios de la existencia de los genes más competitivos. Estos esfuerzos han calado —a través de mutaciones aleatorias— en la propia forma de los cuerpos. La distribución de la grasa en el cuerpo de las hembras de los homínidos es muy singular con relación a otras especies; y está ahora bien establecido que la ostentación ante la pareja de la existencia de reservas nutritivas suficientes para alimentar a las crías acabó privilegiando a las hembras con senos abundantes. Igual ocurrió con la famosa proporción áurea, cuyo uso extendieron los griegos a la arquitectura: cuando la proporción entre las medidas de la cintura y la cadera giraba en torno al 0,6 constituía una indicación clara de que allí había el espacio suficiente para dar paso a la reproducción. Ésa es la proporción de la Venus de Milo.

El lenguaje verbal y, todavía menos, el escrito no son los medios más idóneos para la comunicación. Hasta que los biólogos, zoólogos y paleontólogos empezaron a cuestionarla, existía la convicción de que el lenguaje —además de ser decisivo en la historia de la cultura animal, que lo ha sido— representaba en el caso de los homínidos el signo diferencial por excelencia. Se trataba de un atributo que nadie más poseía y que, por lo tanto, colocaba en la cima de las especies a los seres humanos. Más adelante explico la única capacidad cerebral que, si la hubiera —y no fuera todo una pura cuestión de grado, como sostiene John Tyler Bonner desde la Universidad de Princeton—, distingue hoy por hoy a los humanos. Pero pocos científicos rigurosos siguen empeñados en ese callejón sin salida de establecer la primacía de los homínidos.

El relato de los supuestos hitos diferenciales entre el hombre y el resto de los animales comporta una serie de desmoronamientos sucesivos a medida que se iban enumerando. Cuando resultó innegable que los chimpancés hurgaban en busca de gusanos en la arena con la ayuda de un palo prefabricado, o se protegían de la lluvia con un objeto tremendamente parecido a un paraguas, o de los suelos punzantes o ardientes con un simulacro de zapatillas; o cuando se captó toda la sofisticación de las bóvedas y los sistemas de ventilación en un nido de termitas, no fue posible mantener por mucho más tiempo que la capacidad de fabricar herramientas era lo que nos distinguía del resto de los animales.

Ser fantasiosos está en nuestros genes

Cuando se dio con la conciencia de sí mismo, característica de los homínidos, parecía ganada la batalla. Pero su significado exacto y el proceso de formación de esa conciencia han resultado ser tan alambicados e inescrutables, que la discusión se centra hoy en encontrar las razones que permitan negar la posesión de conciencia a los cefalópodos. Los sofisticados sistemas de comunicación de los delfines y el descubrimiento de dialectos en distintas variedades de pájaros echó por tierra la idea del lenguaje como emblema diferencial. Quedaba la capacidad simbólica; la capacidad de abstracción que permitía a los homínidos pintar o ir a la guerra detrás de una bandera. Ningún chimpancé hace eso, desde luego. Pero un pájaro del Pacífico confecciona una alfombra nupcial de colores con un sentido artístico innegable.

Ser un fantasioso. Esa variedad de la capacidad simbólica sí nos distingue del resto de los animales. Como sugiere Juan Luis Arsuaga, ahí radicaba la gran diferencia entre el hombre de Neandertal, que nos precedió en Atapuerca, y el hombre de cromañón, que también proviene de África —y del que somos descendientes directos—, pero hace tan sólo unos ciento cincuenta mil años. A los que nos gusta la perspectiva del paso del tiempo, y hasta el concepto del tiempo geológico, nos resulta fascinante, y pone las cosas en su lugar, pensar que hace medio millón de años África era un continente prolífico en especies, culturas y tecnologías —algo así como los Estados Unidos de hoy—, y el resto del mundo llevaba un atraso tecnológico de casi un millón de años.

Aunque ahora conocemos el ADN mitocondrial de los hombres de Neandertal, totalmente distinto del nuestro, desconocemos todavía si hablaban. Si disponían de un vocabulario, es fácil imaginar la conversación que habrían mantenido con un cromañón en cualquiera de sus múltiples encuentros, no todos amigables:

NEANDERTAL: ¡Mira la manada de bisontes lanudos! Desde la luna nueva no ha pasado nadie por aquí y mi gente está muerta de hambre.

CROMAÑÓN: ¡Mira el valle desde esta colina... Es la madre naturaleza!

NEANDERTAL: ¿Qué dices? ¿De qué hablas? Somos muy pocos para plantarles cara, pero vamos a ver si alguno enfermo se ha quedado rezagado.

CROMAÑÓN: Tú y yo somos muy distintos. Pero ¿por qué todos tenemos dos orejas, dos ojos, las hembras dos pechos... y cuanto más iguales son, una oreja igual a la otra, un pecho idéntico a cada lado, más nos atrae?

NEANDERTAL: Los bisontes lanudos también tienen una oreja a cada lado...

CROMAÑÓN: Siempre es más bonito.

El cromañón era un contador de fábulas. Un creador de argumentos. Hoy le llamaríamos guionista o director de cine. Resulta que, a base de contar películas, el cromañón llegó a interesarse por la caza, la reproducción y el arte únicamente si formaban parte de un contexto narrativo, de un cuento. Y si no, lo inventaba; mientras que el neandertal, en cambio, no estaba para bromas. Los otros animales y plantas existían para recogerlos, alimentarse y nutrir a la prole; incluso su arte incipiente se ceñía al ornamento del propio cuerpo. Y, muy probablemente, su cultura era tan pesimista como la babilónica, de unos pocos centenares de miles de años después, o la de los mayas, mucho más cercana, para quienes la vida era «un instante de felicidad y seis mil años de miseria», como reza uno de sus epitafios.

Al cerebro sólo le gustan las imágenes

El carácter de nuestros antepasados inmediatos ha incidido y modelado nuestro sistema de comunicación de una manera insospechada. Por eso, a la hora de desplegar las ventajas de un proyecto o de un producto es imprescindible recurrir a las técnicas del relato y del cine. No procedemos para nada del hombre de neandertal. Los descendientes directos del hombre de cromañón sólo se interesan por los acontecimientos envueltos en un relato. Y esto no se puede olvidar a la hora de desplegar las ventajas de un negocio. Incluso en términos de publicidad, siempre es más efectiva la campaña que cuenta una historia —un señor paseando por la calle se da de bruces contra una farola por no llevar las gafas anunciadas—, que la simple enumeración de las ventajas de unas gafas de una marca reconocida. El día en que se acepte esta obviedad no sólo mejorarán muchos negocios, sino que cambiarán radicalmente los sistemas educativos, saliendo de la situación actual en la que medio mundo no sabe nada y la otra mitad se aburre enseñando y aprendiendo.

Si a todas las reservas que se apuntaron antes sobre el lenguaje escrito, se añade la particularidad de que el cerebro tiene mayor capacidad de retención y de atención para las imágenes que para las palabras, se comprenderá fácilmente el éxito de la comunicación audiovisual. Es desesperante contemplar el número casi infinito de instituciones públicas y privadas, empresas grandes y pequeñas, que siguen midiendo la eficacia de su política de comunicación por el número de notas aparecidas en las páginas de los medios escritos, en lugar de la difusión de sus imágenes. A buen seguro que si un marciano visitara el planeta Tierra, se quedaría intrigadísimo al constatar que, a pesar de la predilección del cerebro de los homínidos por las imágenes —sólo igualada por su fruición por el oxígeno y la glucosa—, y a pesar de las nuevas tecnologías disponibles, el grueso de la comunicación, el anuncio de su idoneidad genética, sigue básicamente centrada en una escritura gris, destilada en líneas casi irreconocibles, de izquierda a derecha, o de derecha a izquierda, según el meridiano, sobre un fondo de papel blanco, en el mejor de los casos.

Capítulo 6

Encontrar un nicho en la naturaleza y un negocio en la vida

Una de las cosas más intrigantes del pensamiento llamado moderno es la incapacidad de asimilar en la vida cotidiana las enseñanzas de la Naturaleza. Este libro pretende, justamente, alertar sobre las innumerables pistas que el estudio de la Naturaleza ofrece para la vida corporativa y de los negocios. En la base del pensamiento científico está la costumbre de formular preguntas a la Naturaleza en lugar de a las personas. Y, sin embargo, la mayoría de las conversaciones —no sólo en los cafés y en las plataformas de tranvías, sino en los propios campus universitarios— se centran en contestar preguntas que se han referido a la vida de las personas.

¿Cómo es posible, a estas alturas, que alguien decida abrir un local o una empresa —para lo que tiene, ineludiblemente, que haber decidido primero dónde lo abre y qué función va a cumplir— sin haber leído a Darwin?; ¿sin haber reflexionado sobre las condiciones que cumplen las distintas especies, desde los inicios de la evolución, para elegir un nicho?

Hay una razón que explica este enigma. Sencillamente, antes de Darwin no se sabía que la selección natural era el motor de la propagación de las especies. Los biólogos, ecólogos, etólogos y psicólogos evolucionistas que explican hoy el origen y comportamientos de las especies no existían. Lisa y llanamente —aunque parezca asombroso— no se conocían los mecanismos que propulsaban la evolución de los organismos vivos. Y aunque se hubieran conocido, no se hubiesen podido calcular. Para ello, hubo que esperar la revolución informática y de las telecomunicaciones que permitieron promediar, derivar, extrapolar y comunicar instantáneamente a nivel planetario los datos referidos a las dos únicas estrategias utilizadas, tanto en la competencia entre las especies como entre las empresas en los mercados: a saber, la reducción de costes y la búsqueda del nicho adecuado.

En ecosistemas semejantes se encuentran profesiones parecidas, que se reparten las funciones necesarias para la continuación del sistema. En un jardín urbano habrá polinizadores, fotosintetizadores, carroñeros, distribuidores de semillas y descomponedores de materia orgánica. De la misma manera que no existe un buen lugar, sino un espacio formando parte de un ecosistema, no existe un buen local, sino un núcleo formando parte de un centro en el que se dan las diferentes funciones que son necesarias para su desarrollo. En la Naturaleza, las especies no eligen una vivienda, sino un barrio que tenga lo necesario para sobrevivir. E incluso cuando se elige una vivienda —un piso en Manhattan, pongamos por caso—, se utilizan criterios que vienen determinados por las características del barrio; en el caso de Manhattan: la vista desde el piso será tanto o más importante que el propio espacio. Si se tiene que vivir en las alturas, como los pájaros, por lo menos que tengas vistas como ellos.

Se elige un ecosistema, y no un lugar. Aunque en el ecosistema ocurran cosas que no son del agrado de uno y que a veces resultan harto peligrosas. A las lechuzas, por ejemplo, no les gustan los homínidos. No tienen nada en común, ni nada que decirse. Pero, para criar, las lechuzas prefieren masías o cortijos recientemente abandonados, que todavía conservan la huella de sus antiguos moradores, o incluso viviendas habitadas si son lo suficientemente grandes para que haya rincones inaccesibles. En un momento dado, los humanos pueden convertirse en depredadores gratuitos en busca de una lechuza para disecar y colocar en el salón. Desde el punto de vista de la lechuza, ése es el precio que paga por perseguir y nutrirse de las musarañas, ratones y demás mamíferos e insectos que pululan donde hay asentamientos humanos.

Si no hay ecosistema, se inventa

Igual ocurre con la apertura de una sucursal bancaria para clientes particulares. Es absurdo ponerla en un lugar poco transitado; especialmente si una vía de circulación importante impide, además, que los transeúntes de la acera de enfrente se acerquen a ella. Las calles con mucho tráfico, como las autovías que atraviesan un bosque para los animales, actúan como barreras insalvables para los peatones. Igual sucede con los bares y restaurantes. Es mejor ubicarse donde hay otros —señal de que la zona en cuestión genera una demanda importante de consumo—, y en donde desempeñan sus funciones las distintas profesiones de panaderos, cerveceros, carnicerías, floristerías, colmados, lavanderías, aparcamientos y recogida de basuras vinculadas todas ellas al ciclo natural de ese ecosistema. Y cuando el ecosistema no existe, se tiene que inventar.

Ése es el caso de los grandes centros comerciales ubicados en las afueras de las grandes urbes. La tecnología disponible —básicamente los coches y las redes públicas de transporte— permite relegar el factor distancia a un segundo término y abrir un negocio donde previamente no había nadie. Con una condición: que el consumidor tenga a su disposición una multitud de productos y servicios que le hagan rentable el traslado. Todo el mundo puede tomar el coche para ir únicamente a un restaurante por la noche, si está bien ubicado. Nadie se traslada a un centro comercial de las afueras para comprar sólo una orquídea. Las grandes cadenas distribuidoras de productos alimenticios pueden elegir el espacio para su negocio, a cambio de arrastrar con ellas a los centros comerciales a todo el ecosistema.

Encontrar su nicho supone para una especie ubicarse en un ecosistema que le permita solucionar el problema de su alimentación —para poder generar la energía que va a demandarle la lucha por la existencia—, competir adecuadamente con otras especies vecinas y evitar que se la coman los depredadores. Si no consigue hacer todo esto de una manera eficiente, está condenada a la extinción. Si las distintas especies lo supieran, a lo mejor les serviría de consuelo saber que, de todos los nuevos mutantes —productos nuevos que aparecen en los estantes de los supermercados— sólo un 20 por ciento siguen allí al año siguiente. La tasa de extinción es extremadamente elevada en los dos universos mencionados. Y ningún nicho consolidado lo es para siempre.

En el mundo biológico, el sustento está determinado por el radio de acción o alcance del organismo vivo. De tal manera que la distancia cubierta para nutrirse influye en la propia configuración de la especie, o llega a modelar su sistema reproductivo. Así explica Jared Diamond el extraño comportamiento del pájaro bobo en la isla de la Ascensión. Los ornitólogos no conseguían explicarse por qué las crías del pájaro bobo —siempre dos polluelos— nacían con cinco días de diferencia. Y lo que era más sorprendente todavía, por qué la especie seguía empeñada en tener dos polluelos si, también invariablemente, al segundo lo empuja el primero al abismo y a la muerte cierta en cuanto sale de la cáscara del huevo.

La respuesta tiene que ver con la capacidad de desplazamiento en busca de alimento del pájaro bobo, que se traduce en una distancia muy corta. La falta de plancton en las inmediaciones de la isla de la Ascensión, y, por lo tanto, de peces, obliga al pájaro bobo a depender de los bancos migratorios que van de paso. Y eso no ocurre continuamente. Y cuando ocurre, se da en un corto período de tiempo. La pareja sólo copula cuando hay perspectivas de poder alimentar a la cría. La hembra pone dos huevos a los quince días de aparearse. Los cinco días de diferencia en la eclosión de los huevos son vitales. Si el primer polluelo, por las razones que sean, no sobrevive, queda el segundo, sin que haga falta desperdiciar otros quince días entre la cópula y el alumbramiento (un período más que suficiente para que el banco migratorio de turno se haya ido a otra parte). Si, por el contrario, sobrevive el primogénito, es evidente que el segundo sobra en las condiciones de escasez y pobreza de recursos imperantes.

La fragilidad extrema del pájaro bobo en la isla de la Ascensión puede ser semejante a la del hombre primitivo en ocasiones —con los brotes equivalentes de canibalismo—, pero, obviamente, no refleja las condiciones de hoy día. En la actualidad, la selección natural funciona, como se dijo antes, a través de las estrategias de reducción de costes —hay líderes de costes mínimos—, y de especialización, también llamada de líderes de nicho.

La amenaza de extinción sólo se evita diferenciándose

De cara a la vida corporativa y de los negocios, el éxito radica en lograr un equilibrio entre las dos estrategias. Igual que en la Naturaleza. Es muy difícil que una especie o un negocio mantenga su posición de liderazgo en una sola de esas estrategias. Incluso las tiendas de «Todo a cien», verdaderos líderes en la estrategia de reducción de costes, están obligadas a transparentar una cierta especialización en el tipo de productos o a ofrecer algún valor añadido. De la misma manera que el pavo real —verdadero líder de especialización mediante el reclamo insólito de su cola— está obligado a no exagerar la singularidad de su despliegue hasta el punto de que le coarte la movilidad frente a un depredador. La clave del éxito radica en el *equilibrio* entre las dos estrategias de reducción de costes y de reafirmación de la propia identidad o valor añadido. La extinción de la especie o del negocio constituye el justo castigo en el caso de falta de equilibrio entre las dos estrategias; y eso incluye ser líder en una de las dos y un remolón empedernido en la otra.

La alternativa a la extinción, cuando arrecia la competencia de otra especie o producto, es la especialización que genere un valor añadido que los demás no están ofertando. Los que lo consiguen son los líderes del nicho. Y puede valer una mutación mínima. No es tan fácil como parece distinguir la diferencia de gusto entre una lechuga debidamente tratada —en el largo proceso que va desde su producción masiva en inmensos campos de regadío, su transporte en contenedores transfronterizos hasta llegar a la cesta del consumidor— y otra lechuga producida con criterios ecológicos. Es más, las células gustativas se caracterizan por tener una memoria corta y regenerarse con gran dificultad. Cuando se habla del sabor de un alimento, se está haciendo referencia —casi siempre sin saberlo— a la capacidad de retención y complejidad de las células olfativas, ya que ellas sí son capaces de modelar *el sabor* de un buen manjar. Las lechugas, por añadidura, son prácticamente inodoras, como el vodka.

La mutación experimentada por la lechuga ecológica es muy tenue, pero lo suficientemente significativa para que la demanda se dispare, a pesar de su precio muy superior. Los líderes de este nicho no están vendiendo gato por liebre. Nadie puede engañar a todo el mundo todo el rato —aunque es cierto que algunos Estados y algunas religiones pueden hacerlo durante mucho tiempo—. La agricultura ecológica satisface una demanda real que las grandes empresas agroalimentarias no estaban cubriendo:

- Consumir un producto menos manipulado industrialmente, al que se atribuyen, por ello, efectos beneficiosos para la salud.
- Votar con el cesto de la compra, en lugar de la papeleta del voto —desacreditado por los elevados índices de abstención—, contra los abusos de la agricultura y ganadería intensivas.
- Premiar a los agentes económicos que se ponen en cabeza de la manifestación para defender los nuevos valores ecologistas y de respeto por la Naturaleza.

Otras veces, la competencia fuerza variaciones menos tenues, sin llegar a ser dramáticas. Es el caso de la mariposa blanca de los bosques ingleses degradados por la revolución industrial. Los troncos de los abedules en los que se posa la mariposa están ahora ennegrecidos por el efecto corrosivo de la lluvia ácida y la contaminación atmosférica. Una mariposa blanca en un fondo gris oscuro era una presa tan fácil de localizar por sus depredadores, que la extinción de la especie aparecía como inminente. A menos que cambiara de color. Una variante genética, y, por lo tanto, aleatoria, hizo que algunos individuos de la especie nacieran de color gris. Muy rápidamente, las mariposas grises sobrevivieron en mayor número que las blancas, se reprodujeron más y hoy son mayoritarias en su *pool* genético.

La apertura de un nuevo nicho

Competencia y diferenciación, amenaza de extinción y búsqueda de un nuevo nicho son las dos caras de la misma moneda. Es una lucha incesante en la que competencia y depredadores provocan arreglos más rentables del uso de los recursos bióticos o económicos, al tiempo que van modulando la diversidad alucinante de productos y especies. La competencia, tan denostada por aquellos ideólogos que la rechazan en la Naturaleza y en la economía, fuerza aumentos de la productividad y eleva los índices de especialización. Al adaptarse a las peculiaridades de sus nichos, los entes ecológicos y económicos desperdician menos recursos. No es fácil descubrir un propósito en la evolución, salvo el de las mutaciones aleatorias de los genes y los cambios tecnológicos, impulsando redes cada vez más alambicadas, que se sustentan en ahorros de energía y niveles de especialización crecientes.

Cada mutación, por pequeña que sea, requiere una logística distinta de personal y equipos. El sector de productos multimedia para la comprensión pública de la Ciencia —este libro no es sino uno de sus múltiples productos, junto a programas de televisión como *Redes*, series documentales como *Evolution*, o revistas como *Muy interesante*— constituye un buen ejemplo.

En el mundo audiovisual prevalecía el principio de que los índices de audiencia dependían del número de famosos en la pantalla y de la intensidad de las confrontaciones de distintos puntos de vista y personalidades. La idea de un programa de televisión sin famosos —a los científicos no los conoce nadie— y sin peleas en el plató —sustituidas por la búsqueda pausada y colectiva de respuestas planteadas a la Naturaleza, y no a las personas— era inconcebible. Penetrar en el sector audiovisual comportaba, en este caso, tomar una idea en la que no creía nadie y transformarla en un producto cotizado. El entorno estaba cambiando a favor de la comprensión pública de la Ciencia. Como recordaba Daniel Goleman, comentando el éxito de su libro *La inteligencia emocional*, la gente estaba predispuesta a buscar respuestas en la Naturaleza y en su propia fisiología que no encontraba ni en la política —en plena huida social de lo público— ni en la religión —conmocionada por los últimos descubrimientos científicos sobre el origen de la vida y el Universo.

Los escasos productores multimedia para la comprensión pública de la Ciencia tenían razón, pues, anticipando un nicho vacío para sus productos, en lugar de competir con las grandes multinacionales de los *reality shows* en busca de audiencia. Pero la ocupación de un nicho nuevo exigía ciertas adaptaciones importantes, equivalentes al cambio de color por parte de la mariposa blanca, incrustada de pronto en un paisaje gris oscuro. La oferta de periodistas en el mercado es buena y abundante, pero la disponibilidad de científicos periodistas, y periodistas científicos, era prácticamente inexistente. Hubo que formarlos. Y esto supone tiempo y recursos.

A pesar de la agitación visible por el intenso tráfico de noticias y personas, los centros de informativos de las compañías de televisión son lo más monotemático y gremial que existe en la faz de la Tierra —con la posible excepción de un banco de sardinas—. Los periodistas que nutren los centros de informativos suelen ser los mejores del gremio, tienen todos la misma formación e idénticas vocaciones. La divulgación científica, en cambio, requiere contar con matemáticos, físicos, químicos, biólogos y psicólogos evolutivos. La norma básica de trabajo es la multidisciplinariedad. Y, en este contexto, ningún periodista es lo suficientemente bueno si no tiene vocación científica, ni ningún científico es suficientemente riguroso sin vocación periodística. Apoderarse de un nicho nuevo en la Naturaleza y en la economía implica apostar por la diferencia y comporta adaptaciones de la especie o empresa a las exigencias del nuevo entorno.

¿Por qué no cambiar radicalmente de entorno?

Ocurre a veces que el proceso no cristaliza y la especie innovadora está condenada a la extinción. En esos casos, antes que aceptar de antemano el cierre o la muerte segura, puede ser rentable plantearse un salto en el vacío, en el sentido literal de la palabra, y en lugar de proseguir por la vía de la diferenciación paulatina, buscar el nicho en entornos aparentemente extraños y turbulentos. Eso es lo que hicieron los dinosaurios hace unos cien millones de años cuando, a base de correr cada vez más velozmente detrás de sus presas, el *Archaeopterix* se puso a volar. Todas las aves de hoy día, incluidas las palomas y las gallinas, son descendientes directos de los dinosaurios.

Los delfines constituyen otro claro ejemplo de esos cambios de rumbo en busca del nicho adecuado; hace unos setenta millones de años andaban a cuatro patas por la tierra, como tantos otros mamíferos, y decidieron probar suerte cambiando de entorno y regresar al mar... El fósil de cetáceo más antiguo, el *Pakicetus*, se encontró en la cordillera del Himalaya, en la frontera del actual Pakistán; tenía todavía cuatro patas, y pasaron varias decenas de millones de años antes de que aparecieran las primeras ballenas con dientes, de las que descienden los innovadores delfines.

Y mucho antes que eso, muchísimo antes, la acción de la Luna impulsando mareas —y creando con ello en las costas un espacio intermedio entre el mar y la tierra, y, por lo tanto, franjas que participaban de los dos medios sucesivamente— provocó el primer y mayor cambio de nicho jamás conocido: la salida del mar hacia la tierra firme de las primeras plantas y organismos, que son nuestros antecesores directos. Es posible liarse la manta a la cabeza y cambiar de entorno.

Capítulo 7

La publicidad también depende de los genes

El proceso incesante de diferenciación para garantizar la existencia de un nicho, analizado en el capítulo anterior, acaba de ser legitimado de manera espectacular, y llevado a sus últimas consecuencias, por los recientes descubrimientos de la genética. Todos los humanos tenemos un contenido genético muy similar y, sin embargo, uno de los fenómenos más misteriosos todavía sin respuesta consiste en las razones de la tremenda biodiversidad que se da en los individuos y en la Naturaleza. Resulta difícil comprender cómo a partir de un proceso clónico —como es la división celular de un óvulo inicial fertilizado— se desemboca en una situación en la que no hay dos humanos idénticos genéticamente hablando.

Tanto es así que en los inicios del siglo XXI hemos constatado que la variabilidad genética cuestiona frontalmente la invariabilidad de los tratamientos médicos —se admiten diferencias en las dosis en función de la edad y el peso en el mejor de los casos, pero sin distinguir en función del sexo, y mucho menos de la genética—, de la educación, del *marketing* y de la política. La norma ha sido siempre «café para todos», administrado a una población cuya variabilidad genética requería el *marketing one to one*. El trato personalizado en función de las características de cada uno.

Algunos de los que estamos involucrados en la enseñanza sospechábamos desde hacía años que era insensato dar el mismo curso, con idénticos soportes, a clases de sesenta o más alumnos. Ahora intuimos que la educación del futuro será exactamente lo contrario de la actual. Si hoy es básicamente unidireccional, en el futuro la existencia de la Red permitirá que sea multidireccional. Y si hoy es igual para todos, la digitalización de los conocimientos facilitará un aprendizaje orientado al estudiante que intenta aprender. Los balbuceos de técnicas como el *e-learning*, o seguimiento a distancia del trabajo de los alumnos, están todavía supeditados a aplicaciones tecnológicas —volcado y secuenciación de imágenes— pendientes del uso generalizado de la banda ancha o nuevas técnicas de compresión. Pero estos procesos hacia la singularidad no se han iniciado en el mundo educativo, sino en el marco de una disciplina emergente que se llama farmacogenómica. En menos de veinte años se dará la vuelta a los estudios de Medicina, a la mayoría de las terapias —sobre todo las utilizadas en el tratamiento de enfermedades del sistema nervioso de origen genético— y, por supuesto, a la farmacología.

La genética anticipa el *marketing* individualizado

Ninguna de las disciplinas que figurarán entonces en los programas de las facultades de Medicina se enseña hoy día: las bases moleculares de la enfermedad, los mecanismos de la diferenciación y comunicación celular, terapias génicas, la regulación de la expresión de los genes, análisis con biochips de micromatrices de ADN, o la biodiversidad de individuos y en la Naturaleza.

En cuanto a las terapias, se sabe ya que más de seis mil enfermedades tienen un origen hereditario, si bien únicamente en un 3 por ciento de los casos se han identificado los genes responsables. El alzheimer se asocia a más de treinta genes del genoma: cuantos más genes sean los afectados, antes y más rápido aparecerá el desenlace de la enfermedad. En esas circunstancias, las terapias serán en su gran mayoría «a la carta» y el resultado de análisis previos de variabilidad genética.

Por último, los genes regulan el funcionamiento de todas las proteínas, que a su vez controlan la recepción y absorción de los fármacos en el interior de las células. El funcionamiento particular de esos genes determina la eficacia de los tratamientos como la quimioterapia, los analgésicos opiáceos para dolores crónicos y, por supuesto, los fármacos administrados a los pacientes con enfermedades neurodegenerativas. Ni siquiera la aspirina tiene el mismo efecto en pacientes diferentes.

Tampoco una misma campaña de publicidad tiene los mismos resultados en individuos o colectivos distintos. El gran servicio que la farmacogenómica está prestando al mundo de los negocios consiste en alertarle de que en el futuro, la atención al cliente individualizado —previo análisis de su variabilidad social— será la regla y no la excepción. Los partidarios del *marketing one to one* están en lo cierto, de la misma manera que en el pasado la selección natural ilustraba sobre las estrategias de reducción de costes o configuración de nicho. Ahora bien, al igual que el futuro de la farmacogenómica precisa un cambio de mentalidad en los estamentos públicos y privados del sistema sanitario y farmacológico, la focalización en los gustos y necesidades individuales de los clientes requiere un giro importante en las mentalidades y en los procesos.

Para empezar, el *marketing* individualizado exige un grado elevado de interactividad, un volumen considerable de datos personales y equipos para procesarlos. Como en el caso de la farmacogenómica —rechazo potencial de clientes con resultados de predisposición genética positivos por parte de las empresas aseguradoras—, también aquí se requieren ajustes en la legislación sobre protección de datos privados o consideraciones éticas sobre determinadas acciones comerciales.

Lo que tiene muy poco sentido es paralizar tendencias claramente favorables a largo plazo —la atención individualizada de pacientes y clientes—, alegando que se está, en el primer caso, interfiriendo con los propósitos de la propia evolución, y en el segundo, manipulando voluntades. A muchas personas que hoy utilizan gafas se las habría comido una leona en los tiempos de Atapuerca, y sus genes deficientes nunca habrían llegado al *pool* general de genes de la especie. Sería tan necio protestar por ello como alegar que con la manipulación genética preservamos redes que la evolución se habría encargado de eliminar.

Cuando se habla de un cambio de mentalidad necesario para dar paso al nuevo entorno de terapias, fármacos, educación, *marketing* y políticas focalizadas en satisfacer demandas de acuerdo con las necesidades individuales de cada uno, se está sugiriendo que estamos entrando en otra era: la del control biológico por una parte, y la del poder que da la capacidad de memoria de las máquinas que acumulan información accesible, la tratan y la envían por las redes del cerebro planetario. Es absurdo negar que la manipulación genética y la fusión —en lugar de oposición— hombre-tecnología no vaya a desembocar en un mundo muy distinto del que conocemos. Y para eso se requiere, efectivamente, un cambio de mentalidad.

Los adversarios de seguir avanzando por la vía de una medicina, una educación, un *marketing* y hasta una política individual —fabricada a imagen y semejanza de cada uno— aducen los aumentos prohibitivos de coste que eso implicaría para los presupuestos públicos y privados. Los cálculos efectuados hasta ahora suelen indicar todo lo contrario.

Si se habla de costes excesivos de las estrategias individualizadas, sólo afloran cuando se trasladan al resto de la sociedad, o a otros presupuestos, los costes indirectos que deberían imputarse a las estrategias convencionales. Se ha estimado que en Estados Unidos cada año se producen dos millones de hospitalizaciones y cien mil muertes a causa de los efectos secundarios provocados por la administración de fármacos al uso. Nadie ha estimado las cuantiosas pérdidas generadas por el índice de fracasos escolares y sus prolongaciones sociales en términos de inadaptaciones y aumentos de los índices de violencia y delincuencia. Y muy pocos funcionarios se han entretenido en calcular el costo real de cada cambio de voto ocurrido a raíz de campañas de publicidad institucional diseñadas, teóricamente, para otros fines.

En el caso de la farmacogenómica, la lista de ahorros escenificados por su aplicación es parecida a la generada por la sustitución de la publicidad masiva e indiscriminada por el *marketing* individualizado. Los fármacos y la publicidad genéticos son estrategias portentosas, las dos, de ahorro de dinero y esfuerzos: disminución drástica de los efectos secundarios en el primer caso, y —a título de ejemplo— de anorexias inducidas en el segundo; optimización de las dosis terapéuticas y de los impactos publicitarios; seleccionando las dianas genéticas o apurando al máximo el público objetivo se facilitan, inevitablemente, el diseño de fármacos y contenidos publicitarios; la curva de análisis negativos —y, por lo tanto, innecesarios— como la de campañas y productos fallidos, se colapsa.

En la perspectiva del tiempo geológico sólo disponemos de una hora

Es probable que la incapacidad de los homínidos para dosificar tiempo, esfuerzos y dinero, apuntando a blancos precisos, tenga que ver con su rechazo de la perspectiva geológica del tiempo. Sólo cuando se encuadran esos esfuerzos en su verdadera y única perspectiva conocida —la de los doce mil millones de años que la Ciencia ha detectado como ciclo del planeta Tierra—, aflora de manera escalofriante la fragilidad, excepcionalidad y transitoriedad de la vida y de la Naturaleza.

La astrobiología acaba de poner de manifiesto que los mundos habitables evolucionan por un ciclo parecido al del envejecimiento de los seres vivos. Los planetas disponen de cédulas de habitabilidad similares a los órganos de un cuerpo humano, con fecha de caducidad. La manera más sencilla de imaginar esta cédula de habitabilidad consiste en dibujar un reloj con sus doce horas, en el que cada hora corresponde a mil millones de años. La existencia de plantas y animales reflejada en ese reloj abarca un lapso de tiempo increíblemente corto. Empezó a las cuatro, y terminará a las cinco.

Hoy día existe un consenso generalizado en el sentido de que la vida se hará muy difícil mucho antes de que el Sol engulla al planeta envuelto en llamas y la Luna se haya alejado para siempre. De hecho, sabemos que el ciclo de la Tierra pasó ya su cenit de esplendor —nunca consumado— y se está adentrando ahora en la vejez. Una sola hora, de las doce contabilizadas, reservada para los animales y plantas debería inspirar todo tipo de estrategias, como la farmacogenómica o el *marketing one to one*. Cualquiera, menos las del derroche y el despilfarro.

De todas las estrategias posibles, la más probada por la evolución —a veces parece ser su único tesoro— consiste en apostar por la diversidad frente a las incertidumbres del futuro.

El mundo molecular es una fuente inagotable de enseñanzas para los humanos. Tal vez porque somos una comunidad andante de bacterias. Allí impera una regla de oro jamás violada: nadie se juega nada a una sola carta, o a la ruleta rusa. La incertidumbre generalizada comporta efectuar apuestas múltiples, no sea que el futuro cristalice por la única avenida que no se había tomado en cuenta. La vida molecular supera los obstáculos mortales que la acechan derrochando, literalmente, múltiples vidas y apuestas.*

El frágil embrión de una niña en el quinto mes de la gestación

* Eduardo Punset, *Manual para sobrevivir en el siglo XXI*, Galaxia Gutenberg, Círculo de Lectores, Barcelona, 2000, pág. 231. *(N. del e.)*

ya acoge seis o siete millones de óvulos. Cuando llegue a la pubertad, sólo quedarán medio millón de aquellas células germinales que irradian otras tantas vidas potenciales. En última instancia, únicamente unos cuatrocientos huevos serán reclamados para ovular, y muchos menos si aquella mujer pasa varios años embarazada, y por lo tanto, sin ovular. ¡Qué despliegue de diversidad para garantizar la supervivencia! ¡Qué reaseguro millonario para tener la certeza de que por lo menos una de aquellas células acabará germinando!

Solamente existe una razón para explicar la longevidad de las bacterias y el presentimiento generalizado de que sobrevivirán largamente a la última estirpe de homínidos en la Tierra: su apuesta ininterrumpida y sin contemplaciones por la diversidad. Las investigaciones del genetista Miroslav Radman son tremendamente ilustrativas del *know-how* generado por las bacterias manipulando la diversidad para sobrevivir.

Con regularidad sorprendente, un puñado nada despreciable de bacterias suicidas se especializa en acelerar el ritmo de sus mutaciones genéticas muy por encima de las pautas de cambio que rigen en el colectivo. Enloquecidas por su afán innovador, renuncian muchas veces a genes que cumplían perfectamente su cometido, en aras de otros más idóneos para un futuro incierto y todavía no expresado. En la búsqueda frenética de la diversidad que cubra todas las eventualidades que el futuro encierra, pagan con su propia vida, muy a menudo, el precio de la supervivencia de las demás.

En la cultura del nuevo siglo se acepta ya con cierta naturalidad que la preservación de la diversidad de las especies es la única garantía de la supervivencia de la vida en el planeta. Según las estimaciones más verosímiles, la tasa de fracaso se acerca al 99 por ciento. O si se quiere, un derroche delirante de esfuerzos y expectativas para garantizar niveles mínimos o muy mediocres de supervivencia. Muchas de las especies que desaparecieron estaban perfectamente preparadas para sobrevivir, y la mayoría de ellas no habían cometido ningún error para merecer el destino del exterminio.

Para protegerse de la incertidumbre sólo se puede apostar por la diversidad

La esencia de la vida de la especie humana, en cambio, consiste en tomar decisiones todos los años, todos los días, todos los minutos para elegir una sola de las múltiples alternativas disponibles en cada momento. Somos una especie monotemática con vocación de uniformidad. Medio planeta se enfrenta todavía, con las armas en la mano, porque no ha aprendido a tolerar la diversidad lingüística, cultural, étnica y religiosa, sin cobrar conciencia de que en el lugar más recóndito de ese entramado neuronal puede esconderse el único fenotipo capaz de aliviar el próximo cambio. En un planeta impactado por un meteorito gigante, en el que las nubes de humo ocultaran totalmente la luz del Sol, se recurriría a los ciegos como guías experimentados para moverse en la oscuridad de la noche.

El predominio de la diversidad es la única garantía para afrontar los cambios. Ningún proyecto o negocio puede olvidarlo. No se trata de ningún planteamiento ético, ni estético, sino de una cuestión de pura supervivencia. En el siglo XXI, los mecanismos de decisión serán siempre el resultado de haber querido garantizar la diversidad. Exactamente lo contrario de lo que ha sido la norma de conducta en los milenios anteriores. La educación será fundamentalmente interactiva; la Ciencia, multidisciplinar; se extinguirá la miseria del trabajo fijo para una sola empresa toda la vida; y por encima de todo se castigará con penas muy duras la intransigencia frente a la diversidad.

Algunos lectores pueden pensar que la coartada de la globalización y el mestizaje son respuestas más placenteras frente a los desafíos de la diversidad. Y es cierto que en determinados ámbitos de la actividad humana como la política, la economía o los vínculos personales, la globalización y el mestizaje son bocanadas de aire fresco. Alguien en el entorno de Warren Beatty dijo que «no se debería parar de follar hasta que todos tuvieran el mismo color». El peligro yace en creer que el tiempo geológico y la diversidad climática no resucitarían las viejas diversidades y, sobre todo, en utilizar el mestizaje y la globalización como un *proxy* de la vocación monotemática.

La apuesta por la diversidad nace porque el peso del azar y la incertidumbre en la evolución han sido agobiantes. No existió ningún protocerebro que planificara el cerebro de que hoy disponemos para planificar. Ninguna de las bacterias que ha conseguido generar resistencia frente a los nuevos antibióticos imaginó jamás las características concretas de la amenaza futura. Al contrario, se concentró en el aquí y el ahora para desarrollar todas las alternativas inmunológicas contra *todas* las amenazas que no podía anticipar. Y de todas ellas, una sola le ha servido. Por casualidad.

No existe ninguna intención a largo plazo en el mundo molecular. Y sí es aparatosa, en cambio, la concentración asombrosa de esfuerzos sobrehumanos —en el sentido literal de la palabra— para disfrutar del aquí y ahora, del corto plazo; a menudo, frente a imponderables gigantescos y al margen de lo efímero de la existencia de muchas especies y organismos. Resulta sobrecogedor constatar la cantidad de sufrimiento e inventiva que un ser vivo es capaz de prodigar por un solo segundo de vida, aquí y ahora. Hasta el momento, sin embargo, la especie humana se ha recreado en el pasado. O bien se fabricaron utopías sobre el futuro para distraer a la gente de la supuesta frivolidad e intrascendencia de ocuparse del aquí y el ahora.

La historia es equivalente al concepto de masa

Una de las enseñanzas más subestimadas de los últimos mil años ha sido el descubrimiento de que la historia de los pueblos equivale al concepto de masa de los físicos. Las naciones con una masa excesiva están ancladas en ella y les resulta extremadamente difícil progresar más allá de su ensimismamiento con el pasado. Los humanos, con su enorme masa molecular de agua, nunca podrán alcanzar la velocidad de los fotones sin masa, viajando a trescientos mil kilómetros por segundo. Como se sugiere en el capítulo siguiente, que nadie busque innovar sin echar por la borda parte de la masa que le retiene anclado en el pasado. Aquí yace, con toda probabilidad, el obstáculo que impide a los países europeos desempeñar la parte que les corresponde en la concertación de las soluciones a nivel planetario. El peligro opuesto de navegar sin masa alguna hace a los países más proclives a la experimentación y la prueba, y, por lo tanto, a la innovación.

La profesora de música de mi segunda hija en Londres era emigrante polaca. Con su marido —ingeniero y grabador reconocido mundialmente—, se había adaptado perfectamente a la vida suburbana de Londres. Vivían en un barrio particularmente agradable: Wimbledon. El final de la era comunista en el este de Europa les abrió la posibilidad de volver a entroncar con el pasado. Era el pasado típico de una familia de la alta burguesía polaca, que había mantenido siempre vivo en la memoria durante los años de su adolescencia en Londres. Decidieron regresar, y no a cualquier sitio, sino al palacete que habían podido recuperar en el centro de Potsdam.

A menudo he pensado en el balance de esa transacción en aras de la recuperación de una historia familiar. No sé si ellos también lo habrán calculado. Se malvendió —por las prisas— la hermosa casa que bordeaba el parque de Wimbledon. A cambio, están ahora instalados tres hermanos en el palacete —los tres rondando los setenta—, única forma de costear los gastos de mantenimiento del hogar de los antiguos condes. El marido sigue teniendo los mismos clientes que en Londres, absorbiendo los costes adicionales generados por la distancia. El inmenso jardín no está cuidado. Las temperaturas en invierno son de veinte grados bajo cero; y en verano, la cercanía del lago infesta de mosquitos el ambiente exterior. La madre sigue viviendo en Varsovia, recluida con su centenar de cuadros antiguos también recuperados. La pensión no alcanza para insuflar energía en el ambiente. La temperatura interior es de unos catorce grados. No puede salir del piso, por miedo a que le roben los cuadros. Antes, cuando los tenía incautados el Estado comunista, iba de cuando en cuando a ver a su hija a Londres. Eso sí, han recuperado el sueño histórico de su niñez. Si alguien evaluara objetivamente el traslado, ¿cuál sería su conclusión?: ¿un paso atrás, o un paso adelante?

En el mundo corporativo son innumerables los ejemplos de empresas que, a base de planificar minuciosamente el futuro incierto, han perdido la partida del presente frente a competidores menos poderosos, pero enfrascados de lleno en la lucha cotidiana del día a día, del aquí y ahora mismo. Es uno de los cambios más importantes que tendrán lugar en la gestión de los negocios del tercer milenio. La palabra clave será flexibilidad. Paradójicamente, la importancia de ese cambio en el modelo de gestión empresarial sólo es comparable, por su magnitud, al torpedo lanzado contra la línea de flotación de los modelos clásicos de gestión basados en las economías de escala, a raíz de la diversidad de productos y mercados impuesta por la revolución tecnológica. Y por ello, se están identificando e impulsando las economías de flexibilidad. Muchos de los éxitos del futuro tendrán que ver más con las economías de flexibilidad —véase lo ocurrido con compañías como Easyjet— que con las tradicionales economías de escala, que están en los orígenes de los grandes conglomerados industriales.

Capítulo 8

Sustituir el cerebro por la utopía científica

Algunos lectores podrían reclamar en este capítulo —después de haber aludido en el anterior a las estrategias necesarias para el éxito— un listado descriptivo y prospectivo de las áreas o sectores que, vinculados a esas estrategias, serán en el futuro generadores de negocio. Podríamos, en efecto, apuntar que en la industria espacial, por ejemplo, a pesar de su desarrollo potencial, quedará muy poco margen para el sector turístico. En contra de lo que piensa la mayoría de la gente, al espacio se irá para quedarse, y casi de inmediato, los que vayan no podrán volver a readaptarse a la Tierra por causas biológicas parecidas a las que impiden hoy a los delfines dejar el mar. También podría ser útil recordar que pocos nichos nuevos se van a crear en aquellos contados sectores cuyo producto o servicio lo consume todo el mundo: dinero, agua, gas y electricidad. Son sectores teóricamente muy rentables, pero ya ocupados por competidores muy bien atrincherados: los Estados, los bancos y las empresas suministradoras de los servicios mencionados.

Vamos a optar por una vía más imaginativa y menos susceptible de ser desmentida por la evolución impredecible de proyectos y negocios concretos. Intentaremos hurgar en el futuro del desarrollo de la Ciencia y de la ciencia ficción —la ciencia ficción de hoy suele ser la Ciencia de mañana—, y detectar lo que yo llamo «puntos de ruptura». Son encrucijadas precisas, donde las tensiones acumuladas anticipan que, tarde o temprano, se van a precipitar soluciones cuyo sentido interesa conocer, justamente porque las iniciativas individuales que vayan en sentido opuesto están destinadas al fracaso. La tesis de este capítulo, sorprendente quizá por su título para los lectores, es que aquellos proyectos o negocios que empaticen o que se aproximen de cerca o de lejos a las transformaciones que vamos a citar gozarán de una ventaja competitiva determinante. En el remolino provocado por esas transformaciones, surgirán la mayoría de los proyectos y negocios del futuro. Y sin más preámbulo, empecemos por la más importante: asumir la existencia de *cambios exponenciales* para poder tomar decisiones a tiempo, y no a toro pasado.

«En el siglo pasado hubo más cambios que durante los mil años anteriores. Y los que ocurrirán en el nuevo siglo harán que los del siglo pasado apenas sean perceptibles.» Lo dijo H. G. Wells en una conferencia pronunciada en 1902: se refería, pues, a los siglos XIX y XX. Tenía razón, y si viviera, podría repetir lo mismo a fines de 2003.

Pero si exceptuamos la voz de algunos visionarios como H. G. Wells, la verdad es que el cerebro humano únicamente puede aprehender los cambios graduales característicos de la selección natural que ha presidido el desarrollo de las especies. Al neocórtex le está vedado vislumbrar el cambio exponencial. La fábula del emperador chino y su sirviente, que le enseñó a jugar al ajedrez, es muy ilustrativa. Ante la insistencia del emperador para que el maestro de ajedrez le pidiera el regalo que quisiera como contrapartida de sus lecciones, accedió éste a recibir la cantidad de arroz resultante de poner un grano en la primera casilla, dos en la segunda, cuatro en la tercera, y así sucesivamente. Al emperador le costó salir de su asombro —demasiado tarde— cuando los cálculos del maestro de ajedrez mostraron que no bastaría todo el arroz de China para cumplir su promesa. El emperador, como la gran mayoría de los homínidos, no podía pensar exponencialmente.

Hace cuatro mil millones de años, la Tierra era mucho más pequeña; las temperaturas, incendiarias; sin oxígeno para respirar;

la Luna pegada en la línea del mar —antes de que se fuera alejando como ahora— era el único horizonte existente en aquel planeta marino, todavía sin tierra. Hace cuatrocientos millones de años, en cambio, las cianobacterias ya habían oxigenado la atmósfera, los primeros animales y plantas procedentes del mar estrenaban continentes, la temperatura era un sueño tropical, y la diversidad de especies había alcanzado cotas nunca antes tan elevadas. El cerebro humano, tan preocupado por las pequeñas rupturas o disfunciones de las estructuras y simetrías a las que está acostumbrado, y que amenazan su supervivencia, no puede concebir cambios de escenario tan radicales como los ocurridos en los dos períodos señalados. Por eso recurre, a veces, a la utopía inspirada en los sueños —otra manera de pensar más sofisticada, y alambicada, que la reflexión diurna.

Es imprescindible vislumbrar el cambio exponencial

La incapacidad para vislumbrar el tiempo geológico en toda su extensión constituye hoy una de las principales amenazas que se ciernen sobre el futuro de la humanidad. Los economistas podemos estimar —aunque no predecir— los aumentos de precios a un año vista. En cambio, gracias a sofisticados programas de *software*, podemos extrapolar casi sin riesgo de equivocarnos, si contamos con series estadísticas coherentes de los últimos años, el precio de las lechugas en los próximos dos meses.

Los meteorólogos son los herederos de Fitz Roy, el brillante comandante del *Beagle*, el barco con el que Darwin dio la vuelta al mundo buscando el origen de las especies. De regreso a tierra, Fitz Roy montó lo que puede considerarse el primer observatorio del mundo para pronosticar el tiempo. Agobiado por los continuos fracasos, se suicidó. Hoy día, los meteorólogos ya no se suicidan; no porque acierten más que antes, sino porque saben que no pueden anticipar más allá de unas semanas la evolución de un sistema que funciona de acuerdo con las leyes del caos y la complejidad. ¿Alguien nos había pronosticado la tórrida ola de calor que azotó a Europa en el verano de 2003?

Los científicos acaban de iniciar un debate nada peregrino y que está en la base de las amenazas planetarias a las que me refería antes. A estas alturas todavía sigue la discusión, iniciada en el siglo pasado por el geólogo John Phillips, sobre el creciente, para unos, y decreciente, para otros, número de especies en el planeta. Polémica interesante en la medida en que la evolución del número de especies sería un reflejo de la biodiversidad en la Naturaleza que, a su vez, se considera necesaria para su continuidad. El hecho insólito es que a este debate se ha superpuesto muy recientemente otro menos baladí y cargado de implicaciones políticas y sociales. Peter Ward y Donald Brownlee lanzaron la tesis a fines de 2002 de que el planeta Tierra ha sobrepasado, a efectos del futuro de las plantas y animales que viven en él, la edad de la madurez, para iniciar la etapa final de su envejecimiento. Y, al contrario de lo que ocurrió con el debate sobre el número de especies, ningún científico tan serio como el geólogo y el astrónomo citados ha puesto en duda que tenían razón.

El tema de saber si la Tierra ha entrado en la era de la senectud, con todo el pandemónium de políticas compensatorias de tipo ambiental, genéticas, científicas —¿habrá que pensar mucho antes de lo esperado en buscar cobijo en otros planetas?— que habría que poner en marcha, es una cuestión inaplazable. Se puede convivir con nuestra incapacidad para prever el precio de las lechugas más allá de ocho semanas, pero no nos podemos permitir el lujo de ignorar los síntomas claros de que la Tierra —como habitáculo de plantas y animales— ha contraído una enfermedad fatal.

Los homínidos no pueden, literalmente, seguir sobreviviendo sin adquirir, por fin, la capacidad de vislumbrar el cambio exponencial. O su contrapartida, la cobertura del tiempo geológico. El cambio que llamamos exponencial no es más que la compresión en un instante de toda la inmensidad del tiempo geológico. Será el cambio más trascendental que ocurrirá con los próximos años y, en el sentido que le daba H. G. Wells, empequeñecerá a todos los demás.

Es tediosamente cierto que mirando al pasado podemos intuir algunas de las grandes transformaciones que se avecinan. Pero no en la versión popular de extrapolar situaciones. El pasado es una fuente de inspiración porque apunta las líneas de ruptura de las tensiones acumuladas. Analizando los movimientos de las capas tectónicas submarinas, podemos anticipar dónde se producirá la erupción del volcán o el terremoto subsiguiente al choque. Pero nadie puede predecir su configuración exacta. Las capas tectónicas que alimentan el ciclo de renovación de los organismos movientes son el cerebro. Y las líneas de ruptura empiezan a estar claras.

Sustituir el cerebro por máquinas inteligentes

El cerebro, pese a la opinión de algunos neurocientíficos —no todos—, no está a la altura de las circunstancias. No hay más que mirar alrededor para constatarlo. El conocimiento heredado por los genes —el temor a las arañas y las serpientes, la ansiedad paralizante frente al gruñido de una leona— es irrelevante en el contexto de hoy día. El conocimiento adquirido es, básicamente, infundado. Muy poco de todo lo aprendido durante los últimos sesenta mil años, antes de la revolución científica y tecnológica, nos servirá de guía para buscar el éxito y la felicidad en los nuevos escenarios que se avecinan. Habrá que cambiar de manera de pensar. Pero no me refiero a los cambios de mentalidad que, siendo más lentos que los cambios técnicos y sociales, son frecuentes, sino a la manera de pensar, al proceso cognitivo, a la metodología para interpretar las sensaciones.

Mi apuesta es muy simple. Si los mecanismos del sueño —tal y como me sugieren algunos de los mejores psicólogos, Nicholas Humphrey por ejemplo— son más eficientes y sofisticados que los mecanismos atávicos del proceso cognitivo, sustituyamos los unos por los otros. Parece cantado que la especie humana acabará soñando en lugar de pensando. O para decirlo en otras palabras, tarde o temprano mutaremos los ambiguos procesos de aprendizaje responsables de los aterradores niveles de injusticia e iniquidad a nivel planetario por los procesos liberadores de los sueños. Viviremos soñando. Algo de esto nos están sugiriendo ya los pioneros de la realidad virtual y algunos nanotecnólogos para quienes hombres y máquinas han iniciado ya el proceso de fusión equivalente al de las bacterias proto-eucariotas para beneficio mutuo.

Se puede argüir que el proceso cognitivo desarrollado por el cerebro a lo largo de la evolución no es sólo responsable de desaciertos, sino de grandes avances, como la revolución científica y tecnológica. Es cierto, pero casi todos esos descubrimientos se han producido por casualidad. Se podría decir, soñando. Una casualidad impulsada por la curiosidad característica del colectivo científico y su manía de preguntar cosas a la Naturaleza en lugar de a las personas. Y, además, el grueso del conocimiento científico no ha penetrado en la cultura popular. Nadie, o casi nadie, lo utiliza de momento. Los inventos del cerebro cognitivo como la superstición, la magia, las verdades reveladas o el sentido común siguen dictando las decisiones humanas.

La segunda sugerencia que podemos formular, pues, es que aquellos proyectos o negocios que reflejen en menor medida que el promedio los mecanismos convencionales de pensar, y en mayor medida los mecanismos liberatorios del sueño en lo que concierne al espacio y tiempo, tendrán una ventaja competitiva sobre el resto.

Sigamos con el cerebro. La comunidad científica está a punto de aceptar que el número de depresiones en la juventud está aumentando significativamente, y que para explicar este hecho preocupante ya no basta con recurrir al sonsonete de que antes había menos psicólogos para llevar el registro de pacientes depresivos. Algunos científicos, como Semir Zeki, explican el aumento generalizado de los estados de ansiedad por las limitaciones congénitas del cerebro en materia de memoria —algo que los ordenadores están poniendo claramente de manifiesto.

El argumento sería el siguiente: el cerebro es un órgano demasiado limitado para acordarse de todas y cada una de las cosas que percibe. Y por ello se ve obligado a recurrir a la abstracción; es decir, a conceptualizar un prototipo de coche, mujer, hombre, casa o profesión que engloba, simplificando, toda la riqueza de variedades que ofrecen las percepciones individualizadas. El resultado es que nadie resiste la comparación con el símbolo de mujer, coche o casa registrado en el cerebro. Y de ahí la frustración y la ansiedad generalizadas. El poder de abstracción que debería definir a la especie humana se convierte así en su mayor fuente de sufrimiento.

Otros científicos, como el biólogo Robert M. Sapolsky, de la Universidad de Standford, echan la culpa no tanto al cerebro como a la dificultad de sobrevivir en el mundo complejo y estresante que nos hemos fabricado. Estas tesis denotan, sin embargo, el mismo escepticismo creciente ante la capacidad del cerebro para seguir garantizando la supervivencia de los organismos movientes que, al contrario de las plantas, son los únicos que lo necesitan para ir de un lado a otro. En el primer caso, se apunta a la limitada capacidad de memoria del cerebro; en el segundo, a su sentimiento contagioso de que no se puede hacer nada frente a tanto desvarío. La juventud se deprime, como aclara luego uno de sus grandes expertos, porque ya no depende de su cerebro corregir las injusticias y abusos de poder que las acompañan.

La única solución a este problema consiste en sustituir el cerebro por máquinas inteligentes. Un proceso que ya se ha iniciado con relativo éxito, y que culminará en las próximas décadas. O remodelarlo de nuevo para que sirva en las condiciones ahora imperantes, mediante la manipulación genética a nivel germinal. Tanto da lo uno como lo otro. En el primer caso se trata de fabricar una máquina pensante, y en el segundo, de conseguir un modelo nuevo. La vieja confrontación entre máquinas y seres humanos está ya dando paso a la fusión de organismos vivos con la tecnología.

En los inicios del proceso, se dan dos alternativas supuestamente paralelas. La primera es la mezcla de componentes moleculares con la electrónica. Se fabrican artefactos que convierten reacciones químicas del organismo en corrientes eléctricas que se pueden medir y se implantan en el organismo vivo. Los artefactos pueden dotarse con programas para diagnosticar y, lo que es más importante, para la administración reglada de fármacos según la variabilidad genética de cada individuo. De forma parecida a como el cerebro trataba los antiguos casos de pánico o ansiedad.

La segunda vía consiste en «empujar átomos a su sitio». Es la nanotecnología, una disciplina a la que, a partir del control subatómico, nada le impide fabricar *de abajo arriba* sustitutos de órganos construidos *de arriba abajo*, pero que, por las razones que sea, dejaron de funcionar eficientemente. Si tuviera que apostar por una de las dos estrategias, parece bastante razonable asumir que esas líneas paralelas convergen en el futuro. Por ahora oiremos hablar más de la primera, pero la vida será en última instancia una resultante de las dos estrategias. Cualquier proyecto o empresa nueva que arranque de la fusión inevitable entre hombres y máquinas, o más exactamente, que tienda a sustituir el cerebro por máquinas inteligentes —de ahí el interés de la inteligencia artificial, a pesar de sus titubeos iniciales—, arrastrará tras de sí innumerables iniciativas de desarrollo. Sólo quedaría por resolver el problema de la conciencia.

Huir de la conciencia perdiendo masa

Nadie sabe a ciencia cierta por qué una percepción visual determinada del Universo en el cerebro se transforma en un sentimiento o —como decía Newton— «en la gloria de los colores» que no están en el Universo. Es la conciencia de sí mismo, con la que estamos jugando como el ratón y el gato desde tiempo inmemorial. Yo tendería a creerme a Rodolfo Llinás, el gran fisiólogo de la Universidad de Nueva York, cuando interpreta la conciencia como una sintonización coherente y generalizada de todas las redes neuronales. Pero el hecho es que un gran porcentaje de la vida de hombres y mujeres transcurre intentando escapar de los efectos malévolos de la conciencia. Por una parte, se supone que eso es, precisamente, lo que nos hace humanos y nos distingue del resto de los animales; pero por otra, ni las drogas, ni todo el alcohol del mundo, ni los arrebatos y distracciones más peligrosas parecen suficientes para huir de los efectos de tan noble don.

Ahora bien, si al decir de neurocientíficos como Antonio Damasio o Susan Greenfield la conciencia es el resultado de los registros casi infinitos y particulares de las distintas experiencias vividas personalmente durante toda la vida, sin que sepamos todavía cómo infectó al cerebro biológico, ¿qué garantías tenemos de que el virus de la conciencia no reaparecerá en los nuevos escenarios utópicos a que me refería antes?

La solución puede venir por la vía apuntada por físicos, como Javier Tejada, que comparan la historia —la experiencia vivida de personas y naciones— con el concepto de masa. En ese sentido la conciencia representaría la masa que impide la movilidad. Con toda nuestra masa molecular a cuestas es imposible que nos podamos mover por el espacio a trescientos mil kilómetros por segundo como un fotón sin masa. De igual manera que las naciones que hacen gala de su larga y reconcentrada historia —véase lo que ocurre en los Balcanes o en el Próximo Oriente— desvelan una parsimonia increíble para adaptarse a las condiciones del mundo moderno. Les frena el fardo pesado de su historia particular.

Por eso, los humanos, para sobrevivir en el futuro —sobre todo cuando se inicie la conquista del espacio—, sufrirán otra mutación inexorable: deberán perder masa y parecerse más que ahora a un fotón sin ella. O para ser más justos con el verdadero sentido de la selección natural darwiniana, cuando nazca por mutación aleatoria un homínido sin masa, o mucha menos masa, disfrutará de una ventaja decisiva, y sus genes acabarán siendo mayoritarios, por ello, en el *pool* general de genes.

Las grandes transformaciones pendientes para garantizar la vida del planeta no son, pues, las que figuran en los programas de muchos partidos políticos y sociedades benéficas. En el ámbito de la utopía tienen que ver fundamentalmente con la capacidad para asimilar de una vez por todas los cambios exponenciales; vivir soñando, es decir, sustituir los actuales procesos del pensamiento convencional por la mecánica liberadora de los sueños; cambiar el cerebro por máquinas inteligentes, y perder masa para ganar flexibilidad mental y movilidad física.

Capítulo 9

La fórmula del éxito

A lo largo del libro hemos descrito numerosas situaciones en las que se ha recurrido a pistas sacadas de la Ciencia para afrontar problemas cotidianos como el lanzamiento de un negocio. Son pistas que permanecen inexploradas para la mayoría de la gente porque el conocimiento científico —como se decía en la introducción— acapara nueve de los diez baúles en los que guardamos el conocimiento. Pero esos nueve baúles están cerrados a cal y canto. Permanecen inaccesibles a la cultura popular.

Las matemáticas constituyeron, con toda probabilidad, los primeros balbuceos del enfoque científico. Se inician cuando los humanos intentan identificar las estructuras que se repetían —inexplicablemente— alrededor de sí: las órbitas incansables de los astros, el mismo número de pétalos en distintas margaritas, las ondas concéntricas generadas en una charca cuando se arrojaba una piedra, los ciclos de la vida determinados por la certidumbre de la muerte. Primero se lograron identificar esas simetrías y regularidades. Y luego se adentraron por el mar del método científico buscando las causas de esos fenómenos. A medida que descubrían las razones, intentaban formular una ecuación que las resumiera —de manera simple y bella— y que fuera aplicable en todo el Universo.

Es lógico, entonces, que después de haber identificado incontables simetrías a lo largo del libro y de haber aflorado muchas de sus causas, intentemos ahora deducir una fórmula matemática —simple y bella— que sea aplicable a todas las situaciones en las que se busque el éxito. Y yo aliento al lector a que colabore en este proceso, aportando sus propios puntos de vista para mejorar la fórmula a través de mi página web www.eduardpunset.es

La tesis de este libro es que el éxito de un proyecto depende de los siguientes factores:

- **C** como símbolo del conocimiento aflorado por el método científico que sea relevante para el proyecto considerado.
- **TI** como símbolo del conocimiento acumulado, o tecnología, y muy particularmente las tecnologías de la información.
- **A** de aceleración —en el vocabulario de los físicos—, o innovación —en el de los economistas.
- **M** como símbolo del concepto físico de masa.
- **I** por interactividad.
- **Tp** por tiempo psicológico, en contraposición al tiempo físico.

No todos los factores tienen la misma importancia, como deduciremos luego en la ecuación, pero todos ellos forman parte del proceso del éxito de un proyecto o de un negocio. Anticipemos enseguida que los dos citados en último lugar merecen un trato preferente. Y por ellos empezamos.

El tiempo, incluso antes de que la física relativista lo hiciera depender de la velocidad a que se mueve quien lo contabiliza, nunca fue un valor absoluto; es decir, que las unidades de tiempo elegidas —en nuestro caso, en función de los movimientos de los cuerpos celestes— siempre fueron cambiantes. Se había querido identificar un proceso recurrente de manera regular: la oscilación del péndulo, la vibración de un cristal de cuarzo, la rotación de la Tierra sobre su eje, o su movimiento alrededor del Sol. Pero el planeta Tierra está demasiado expuesto a impactos que dificultan sobremanera fijar unidades de tiempo basadas en su rotación. Por culpa del impacto lunar, el día terrestre ha aumentado un 10 por ciento en los últimos seiscientos millones de años. La duración de un día de hoy no es la misma que la de un día de hace medio millón de años. Además de las mareas, los cambios en la dirección del eje de rotación, y hasta el viento, alteran la duración de un día. En última instancia, no hubo más remedio que reemplazar el movimiento errático de la Tierra por algo más preciso y regular: el desplazamiento de los electrones en su órbita alrededor del núcleo de un átomo.

En contra de la evidencia científica, sin embargo, tenemos tendencia a considerar, a efectos prácticos, el tiempo físico representado en una esfera por el espacio recorrido por las manecillas del reloj como algo inmutable. El tiempo físico se sucede con una monotonía lacerante y una regularidad machacona. Es la supuesta uniformidad del tiempo físico.

Acceder al tiempo psicológico

El tiempo psicológico (Tp), en la fórmula del éxito que estamos calculando, no tiene nada que ver con el tiempo físico. Es un concepto del tiempo diametralmente opuesto y que está relacionado con la distinta duración del viaje de ida al restaurante por la noche, comparada con la duración del viaje de regreso a casa, habiendo saciado el hambre y la sed convenientemente. Este último es siempre más corto, a pesar de recorrer el mismo trayecto. ¿Quién no ha encontrado en la calle a un amigo al que no había visto durante un tiempo y al que le han caído encima, súbitamente, diez años más a raíz de un divorcio plagado de batallas jurídicas y confrontaciones emocionales o el fallecimiento de un ser querido? Es el tiempo psicológico. ¿Y quién no conoce a alguien rejuvenecido por un gran amor o una gran ambición cumplida?

Al tiempo psicológico se accede mediante una emoción, que conlleva un sentimiento, absolutamente indispensable para idear un sistema o ponerse en el sitio de los demás antes de lanzar un negocio —como se dijo en el capítulo 4 al hablar del cerebro creativo—. La neurociencia ha señalado con tanto empeño la existencia primordial de las emociones en el funcionamiento integrado del cerebro que la fórmula del éxito tiene forzosamente que empezar por ahí. Y no de cualquier manera, sino multiplicando todos los demás factores juntos. Si no hay emoción, no es que se tengan menos posibilidades de éxito. Es que no hay ninguna. Y de nada sirven valores superlativos en los otros factores de la ecuación —1.000.000 x 0 = 0—. Ya podemos, pues, empezar la fórmula con uno de los factores implicados en el éxito y colocarlo en el lugar correspondiente:

$$\text{Éxito} = (\qquad\qquad)\,Tp$$

Prosigamos llenando los blancos con el segundo factor más relevante. Es un factor ancestral heredado por los homínidos de los primates, que son animales muy sociables. Pero, paradójicamente, la interactividad como concepto es algo en extremo moderno, y sólo se consolida como instrumento fundamental para la creación a raíz del nacimiento de la red de redes. Ha sido Internet, ofreciendo primero la Red a los científicos para que pudieran interactuar unos con otros, el soporte que ha contagiado luego al mundo de los negocios y al público en general. Pero las bases científicas para la creatividad y la búsqueda de respuestas se habían cimentado unos años antes.

Sin interactividad no hay progreso

En la tradición popular de la historia del pensamiento, acaparaba un lugar privilegiado la imagen de las mentes de los grandes sabios aislados en su torre de marfil. Los descubrimientos eran el fruto de una reflexión profunda e individual, aunque fuera en una cueva. Y los grandes místicos, precisamente por serlo, no necesitaban interlocutores cercanos con los que intercambiar ideas. El avance del saber aparecía como un esfuerzo hercúleo, pero individual, de las mentes privilegiadas. Los experimentos biológicos realizados en los laboratorios con mamíferos, y en particular con roedores, desmienten esa concepción del conocimiento. Y lo mismo ha puesto de manifiesto la neurociencia con relación al aprendizaje en la infancia.

El conocimiento no fluye por sí solo a fuerza de reflexionar aislado en una cueva, al margen de lo que dicen o piensan los demás. Los niños abandonados a su suerte, en un lugar cerrado o en la selva con otros animales, sin que nadie estimule sus conexiones neuronales o alimente su autoestima, degeneran rápidamente hacia límites infrahumanos. Los experimentos efectuados con animales de laboratorio demuestran también que la soledad impuesta —al igual que la sobrepoblación de un recinto— origina rápidamente depresión, degradación del sistema inmunológico, suicidio y violencia.

En los años setenta, un equipo de científicos dirigido por el psicólogo Martin Seligman, de la Universidad de Pennsylvania, analizó las reacciones de ratas de laboratorio cuando se las enfrentaba a una descarga eléctrica no programada. Sólo una de ellas, que participaba en el experimento, tenía la oportunidad de pulsar una palanca que evitaba a *todo* el colectivo la descarga. Lo que sumió a las demás en la depresión y la muerte no fue el número de descargas —todas sufrían las mismas, incluida la que tenía el privilegio de mover a tiempo la palanca—, sino la certeza de que no podían hacer nada; de que no podían interactuar con objetos u otros animales para evitarla. Cuando pasaba la corriente, no era culpa suya, y cuando no se producía la descarga, tampoco. El equipo investigador llamó a ese causante directo de la depresión «el aprendizaje de la desesperanza». Lo que salvó la vida a la rata que contaba con una palanca fue la posibilidad de interactuar con el mundo que la rodeaba y poner freno así a la maldición colectiva. Las interrelaciones con el medio son tan importantes como las interrelaciones con los demás.

Ahora resulta que la curva de crecimiento del cerebro en las primeras semanas y en los primeros años de la infancia es muy particular y no coincide en absoluto con la curva de la adolescencia y la madurez. La necesidad de estímulos particulares, en períodos precisos, para que se consoliden determinadas conexiones neuronales, llevará a profundos cambios en el sistema educativo —como la enseñanza de idiomas, que debiera impartirse a edades muy tempranas—. Las interactuaciones en el medio familiar son muy importantes en el contexto familiar. Pero las interrelaciones trabadas por los adolescentes con sus amigos de colegio o diversión son más importantes para modular su conducta futura. En Estados Unidos, los neurocientíficos y psicólogos están descubriendo que los cambios continuos de residencia —típicos de la sociedad norteamericana— y, por lo tanto, de escuela y de amigos no son la mejor manera de facilitar esas interrelaciones extrafamiliares.

La consolidación de un verdadero cerebro a nivel planetario, gracias a la revolución de la informática y las telecomunicaciones, coloca definitivamente a la interactividad en un lugar privilegiado en la fórmula del éxito. La era de la interactividad ha dado luz al conocimiento multidisciplinar, sin el que ni la Ciencia, ni las artes, ni las humanidades pueden progresar. Pero el conocimiento multidisciplinar requiere renunciar a los hábitos antibacterianos de nuestra especie en el mundo moderno. El éxito está reñido con la vocación monotemática de que hacen gala los gremios, los nacionalismos, los que no buscan contrastar sus convicciones con las gentes de otro pueblo, de otra raza, de otras edades y otros universos. Las bacterias son promiscuas y atrapan pedazos de ADN al vuelo para acentuar su diversidad. Por eso nos han precedido tres mil millones de años y nos sobrevivirán otros tantos.

La interactividad tiene todos los créditos, pues, para figurar entre los factores privilegiados que determinan el éxito. La situaremos en el numerador como uno de los sumandos, con lo que ya podemos rellenar otra parte importante de la fórmula que estamos elaborando:

$$\text{Éxito} = (\qquad + I)\,Tp$$

Quedan por detallar los factores que completan el numerador.

Conocer las estrategias de reducción de costes y diferenciación

En primer término, está lo que hemos llamado el conocimiento basado en el método científico. Lo cual no implica, por supuesto, un conocimiento acendrado de las leyes y descubrimientos científicos, sino haber optado como fuente básica de información por las tesis experimentables, renunciando al conocimiento basado en verdades reveladas o el sentido común. Implica también un cambio radical del propio concepto de conocimiento, orientado ahora a formular preguntas —en lugar de acumular respuestas— y a aprender haciendo, en lugar de aprender memorizando.

Tradicionalmente, se consideraba que los grandes pensadores del pasado habían encontrado ya las respuestas a los grandes enigmas de nuestra mente. La sabiduría consistía en memorizar o tener en el disparadero para cuando hiciera falta esas respuestas. El conocimiento del que estamos hablando en la fórmula del éxito no tiene nada que ver con esa reserva erudita de verdades permanentes. En el futuro muy próximo, las máquinas, el cerebro planetario, serán una fuente más amplia y segura que la Enciclopedia Británica del inventario de respuestas. Estarán todas disponibles *on line*. Conocimiento en el contexto de la fórmula del éxito supone:

- Manejar con facilidad la información disponible de clientes, suministradores y de los propios recursos humanos: verlos como una fuente de innovación, en lugar de puros asientos contables.
- Sacar conclusiones de las cosas que ocurren vinculadas al proyecto o negocio: la única diferencia entre la gente inteligente y los torpes es que sólo los primeros sacan conclusiones de lo que les ocurre.
- Conocer el entorno local e interactuar con él intensamente. Estar bien relacionado.
- Profundizar en la estructura de costes y en la naturaleza del negocio, que no siempre es evidente: una productora de un programa en televisión para la comprensión pública de la Ciencia no está en un proyecto destinado al mercado televisivo, sino en una empresa para divulgar la Ciencia en diferentes soportes, como suplementos para revistas o periódicos, portales científicos en Internet, vídeos y hasta películas.
- Distinguir bien entre las actividades que pertenecen al *hardcore* del negocio y lo que es fácilmente externalizable. En el caso de una fábrica de coches, el diseño del motor con el rendimiento adecuado pertenece a la primera categoría, mientras que la fabricación de las puertas puede subcontratarse con relativa facilidad. En el caso de la productora antes mencionada, el diseño del 3D es consustancial a la comprensión pública de la Ciencia, mientras que el componente fiscal y laboral puede llevarlo un despacho externo.

El conocimiento en los próximos años será el subproducto de la experiencia implícita y —como sugiere el especialista en inteligencia artificial Roger C. Shank— la capacidad de extrapolarla a escenarios distintos. Cada vez tendrá menos que ver con la experiencia explicitada en los manuales al uso. Así se explican algunos de los problemas planteados en la transferencia de tecnología a los países en vías de desarrollo: el quid de la cuestión radica en poder transferir «la tecnología implícita» en la experiencia del donante. Acotado, pues, el concepto de conocimiento, podemos rellenar otro de los huecos que todavía quedan en blanco:

$$\text{Éxito} = (C + \quad I)\,Tp$$

Ya sólo quedan tres.

Recurrir a las tecnologías de la información

Utilizar la tecnología disponible es el primero. Y puesto que la hemos definido como conocimiento acumulado, lo que se ha dicho para el conocimiento aflorado también vale. Baste recordar ahora la experiencia personal de Santiago Ramón y Cajal, a la que se aludió en el capítulo 2: en su caso particular, y a nivel general, el éxito exige recurrir a las tecnologías disponibles en el momento del lanzamiento del proyecto o negocio. En el capítulo 3 matizábamos esta exigencia recordando que no siempre la tecnología más compleja y sofisticada es la mejor. Pero las tecnologías de la información —básicamente la digitalización de datos, palabras e imágenes para su almacenamiento, manipulación y transmisión— son hoy la columna vertebral del progreso tecnológico y las más accesibles. Eso es tanto más verdad cuanto que la otra disciplina estrella de los avances científicos —la genética— es pura tecnología de la información, en palabras de Richard Dawkins, uno de sus exponentes más emblemáticos.

Es, pues, inconcebible catapultar un proyecto que tenga visos de triunfar a comienzos del siglo XXI sin recurrir a las tecnologías de la información, ya sea un modesto ordenador personal o de mesa, o el programa de *software* más sofisticado para el control de gestión. En nuestra fórmula del éxito, y en los momentos actuales, tanto daría utilizar la T de tecnología, como el combinado TI para tecnologías de la información. Por razones de oportunidad, elegimos TI. La fórmula está ya casi completa:

$$\text{Éxito} = (C + TI \quad + I)\,Tp$$

Falta comentar —aparte del denominador, del que hablaremos enseguida— la innovación, en palabras de los economistas, o la aceleración, en palabras de los físicos. Abordemos, pues, el penúltimo factor que completa la fórmula.

Mutar más, y no menos, en entornos turbulentos

Innovar es equivalente a asumir riesgos calculados, abandonando prácticas a veces bien establecidas. En la Naturaleza son las bacterias las maestras de la innovación, y —como vimos en la última parte del capítulo 7— un reducido porcentaje de ellas mutan genes que les servían para determinadas funciones a formas cuya utilidad no ha sido probada todavía; todo ello en aras de afrontar las incertidumbres del futuro apostando por la diversidad genética.

Ante la imposibilidad de desentrañar el futuro —la bacteria no puede saber con qué tipo de antibiótico le está amenazando la industria farmacéutica—, la apuesta bacteriana consiste en estar preparada en *cualquier* circunstancia. La contrapartida de esta cobertura a todo riesgo es que, en ocasiones, habrá renunciado a genes que le funcionaban razonablemente, a cambio sólo de un mayor porcentaje teórico de cobertura de riesgo. Es el precio que paga el innovador y que a las bacterias les ha valido sobrevivir en el planeta Tierra —quién sabe si también en otros— más de tres mil millones de años. En el mundo bacteriano —al contrario de lo que ocurre en el de los homínidos—, cuanto mayor es el grado de incertidumbre, mayor es el ritmo de mutación y cambio.

Los beneficios de la innovación provocada por las bacterias mutantes se trasladan rápidamente al resto del colectivo, y parece lógico pensar que pocas de éstas sueñan con formar parte de las mutantes. La gran mayoría prefiere la seguridad que les proporcionan sus genes actuales, aunque no les protejan de imprevistos, cambios e imponderables. Igual ocurre en los negocios. El riesgo, y su reflejo en una conducta innovadora, constituye un factor indispensable en la fórmula del éxito que estamos a punto de culminar.

Pero hay otros aspectos del factor innovación que conviene resaltar. El primero puede parecer contradictorio con lo que se acaba de decir. Muchas veces, la mejor manera de innovar no comporta tanto desechar prácticas no productivas como afianzar lo que ya funciona. Y no está probado que la introducción de una cultura de innovación deba constituir un vendaval que arrase con la cultura anterior. La estrategia llamada «del timón» puede dar mejores frutos, según las circunstancias: se trata de incidir inicialmente en un pequeño porcentaje de los mecanismos, pero en grado suficiente para que afecte parcialmente al rumbo de toda la nave.

Queda un aspecto muy importante que se ha mencionado anteriormente al hablar del «aprendizaje de la desesperanza».

El innovador corre un riesgo cierto, y cuando se quiere aquilatar el grado de riesgo admitido antes de traspasar el dintel de las políticas aventuristas, se habla de riesgo calculado. Pero este concepto es de una utilidad dudosa para el verdadero innovador. ¿Cómo se calcula el riesgo calculado? Y en el caso de poder calcularse, ¿se aplicaría siempre el mismo porcentaje? La verdad es que el recurso a la experiencia del «desamparo aprendido» —cuando se habla de calcular el riesgo— resulta mucho más útil. El aprendizaje del desamparo, como se vio antes, empieza cuando se ha perdido la conciencia de que se controlan las cosas. De alguna manera, el innovador debe seguir teniendo la sensación de que, pulsando alguna palanca que los demás no tienen, sigue controlando la situación. Lo peor que le puede ocurrir a un gestor de proyectos es la sensación de que ya no puede influir en la marcha de los acontecimientos.

El biólogo Robert M. Sapolky va más allá y explica el aparente aumento de las depresiones en la juventud a partir de la desesperanza aprendida frente a las iniquidades e injusticias que ven desfilar todos los días por las pantallas de televisión, sin posibilidad alguna de neutralizarlas. Con lo cual, este factor de la innovación comentado en el contexto de la fórmula del éxito enlaza con el primero: el tiempo psicológico. En los dos casos, surgen las emociones como fundamentos clave del éxito en los negocios. Fruto de estas emociones son los sentimientos que mueven una ambición necesaria, y la percepción de que, de alguna manera, el protagonista no ha perdido la capacidad de influir. Ahora puede el lector completar la fórmula, admirar su simplicidad y belleza, y alegrarse de que la selección natural sea —en contra de lo que posiblemente pensaba al iniciar la lectura de este libro— extremadamente relevante para los negocios. Pero antes de eso, tenemos que dar cuenta del denominador, al amparo de lo que se dijo en el capítulo anterior sobre el concepto de masa.

$$\text{Éxito} = \frac{(C + TI + A + I)\,Tp}{M}$$

Efectivamente, nadie puede sorprenderse de que a mayor masa molecular —o su equivalente: la historia de las naciones y las corporaciones— menores posibilidades de tener éxito. La pérdida de masa es la mayor ventaja comparativa a la hora de competir. Ni en el mundo empresarial, ni en la geopolítica de las naciones —véase el caso de Europa—, una historia larga y densa constituye una garantía de éxito. En el mundo que viene, la mayoría de los éxitos llegarán de la mano de aquellos que sepan sobreponerse al lastre de su historia, y, perdiendo masa, adaptarse con mayor facilidad a los grandes cambios que se avecinan.

Índice

9 Prólogo

15 Introducción

Capítulo 1

19 El mundo real, que en gran parte es invisible, es mucho mayor que el mundo visible

22 *Las mismas neuronas para percibir que para imaginar*

25 *La importancia de lo invisible*

Capítulo 2

29 Negocios contagiosos como la gripe

32 *La vocación multidisciplinar*

34 *Lo armonioso y simétrico es mejor*

36 *Utilizar las tecnologías emergentes*

38 *Las pistas*

Capítulo 3

39 Las enseñanzas de los insectos sociales

42 *Hay gente tóxica y contaminante*

45 *El proyecto global es más inteligente que la suma de las partes*

46 *La estructura de W. L. Gore & Associates, Inc.*

Capítulo 4

51 El cerebro creativo

54 *Saber ponerse en el lugar del otro*

57 *Sin emoción no hay proyecto*

Capítulo 5

61 La cola del pavo real y el lenguaje ornamental

64 *El lenguaje es como la cola del pavo real*

67 *Ser fantasiosos está en nuestros genes*

69 *Al cerebro sólo le gustan las imágenes*

Capítulo 6

71 Encontrar un nicho en la naturaleza y un negocio en la vida

75 *Si no hay ecosistema, se inventa*

77 *La amenaza de extinción sólo se evita diferenciándose*

79 *La apertura de un nuevo nicho*

81 *¿Por qué no cambiar radicalmente de entorno?*

Capítulo 7

83 La publicidad también depende de los genes

86 *La genética anticipa el* marketing *individualizado*

89 *En la perspectiva del tiempo geológico sólo disponemos de una hora*

92 *Para protegerse de la incertidumbre sólo se puede apostar por la diversidad*

93 *La historia es equivalente al concepto de masa*

Capítulo 8

97 Sustituir el cerebro por la utopía científica

101 *Es imprescindible vislumbrar el cambio exponencial*

103 *Sustituir el cerebro por máquinas inteligentes*

107 *Huir de la conciencia perdiendo masa*

Capítulo 9
109 La fórmula del éxito
113 *Acceder al tiempo psicológico*
114 *Sin interactividad no hay progreso*
117 *Conocer las estrategias de reducción de costes y diferenciación*
119 *Recurrir a las tecnologías de la información*
120 *Mutar más, y no menos, en entornos turbulentos*